轻松住好家

著／李亚奇

绘／白茹

人民邮电出版社

北 京

图书在版编目（ＣＩＰ）数据

轻松住好家 / 亚奇，李白茹著、绘. -- 北京：人
民邮电出版社, 2024.10

ISBN 978-7-115-61967-9

I. ①轻… II. ①亚… ②李… III. ①室内装饰设计
IV. ①TU238.2

中国国家版本馆 CIP 数据核字(2023)第 148951 号

内 容 提 要

刻意的设计远不及自然而然带来的美好体验。室内设计应顺应人的需求，去掉多余的、干扰居家生活的东西，让家居功能自然地流露，使人感受到生活的乐趣与包容。希望这本秉承"住心"理念的，实用、适用、有爱的空间治愈绘本，能够承载起人们对居家生活的无限期待，能够激发每一位读者想要改变居住环境的勇气。

本书适合有意要改善居家生活的读者阅读，也可作为室内设计相关专业的学习者和从业者的参考书。

◆ 著 / 绘　亚　奇　李白茹
　　责任编辑　王振华
　　责任印制　陈　犇
◆ 人民邮电出版社出版发行　北京市丰台区成寿寺路 11 号
　　邮编　100164　电子邮件　315@ptpress.com.cn
　　网址　https://www.ptpress.com.cn
　　文畅阁印刷有限公司印刷
◆ 开本：880×1230　1/32
　　印张：9.75　　　　　　　2024 年 10 月第 1 版
　　字数：240 千字　　　　　2024 年 10 月河北第 1 次印刷

定价：69.00 元

读者服务热线：(010)81055410　印装质量热线：(010)81055316
反盗版热线：(010)81055315
广告经营许可证：京东市监广登字 20170147 号

前言

家，是能够触及每个人灵魂深处的地方。幸福美满的家庭是每个人都向往的。

时光荏苒，我们在母亲温暖的怀抱中长大，然后走向社会，建立属于自己的温馨之家。在这个过程中，愿每一个家庭都被善待，每一个生命都被包容！

家承载着我们最温暖的记忆，这个见证我们人生不同阶段的生命空间，陪伴着我们展开新的生活，讲述生命成长的故事。我们永远忘不了家的气息和方向，因为家始终在我们心里。

无论科技怎样发展，新媒体如何影响人们，家有多少种模样，我们一直都没有停下对全生命周期住家生活的思考。"轻松住好家"便是我们寻找到的能够让人摆脱精神内耗、住进心灵港湾的室内设计理念！无论你是科学家、程序员、蓝领工人，还是公务员、教师、医务人员；也无论你是演员、主持人、电商主播，还是大学生、宝妈、博主，我们都对你所居住的家有所定义。

因为我们一直都有一颗"住心"！

住心，饱含着想要改变的态度和勇气；住心，是一种住家生活技能和方法；住心，更是要实现美好生活、轻松住好家的初衷。

住心=升级空间环境+影响居家生活+激发兴趣爱好。

希望这本实用、适用、有爱的空间治愈绘本，能够承载起人们对幸福住家生活的无限期待。不管在外面有多难，心之所归即为家。只要家在心里，即便人在天涯海角，也能怀有勇敢之心。切记！只要记住家的模样，我们便不会在这个纷纷扰扰、色彩缤纷的世界里迷路。

希望本书能够作为一个引子，激发起每一位读者想要改变居住环境的勇气，让我们一起讲好家的故事，让每一个人都实现轻松住好家！

目录

在院子里种了一些花草，因有事出了趟门，烈日之下，花草已经枯萎。回来后给它们换了个阴凉点的地方，居然起死回生了。这就是所谓的环境优良，枯木也能逢春吧。其实人也一样，居住在适宜的环境，是可以改变心情的。

第1章

空间有魔法,
设计属于孩童
时代的生活
场景

住心密码1：培养秩序

有特色的蒙氏儿童房

儿童房的设计关系众多家庭的真切需求，也是新媒体平台大数据分析报告里受到用户疯狂点赞的爆款内容，更是家长对0~14岁年龄段儿童房空间设计和建筑布局的"心心念"。

◆ 什么是蒙氏儿童房

"蒙氏"其实指的是蒙台梭利教育（以下简称"蒙氏教育"）理念，该理念由意大利幼儿教育家，意大利第一位女医生、女医学博士，蒙台梭利教育法的创始人玛利亚·蒙台梭利提出。

她认为环境在儿童生理和心理发展过程中起着不容忽视的作用。孩子6岁以前的大部分时间都在家中度过，家的环境对这个阶段孩子的影响尤为深远。

蒙氏教育理念的核心就是满足孩子的诉求，让孩子自己来。而家长主要扮演引导者和辅助者的角色。

蒙氏儿童房就是应用了蒙氏教育理念的儿童房设计。因为要"帮助孩子自己来",所以儿童房中的家具和孩子日常使用的生活用品都必须配合孩子来设计和布置。

另外,蒙氏教育理念还强调一个关键词:秩序。所以,蒙氏儿童房要通过功能分区与整齐收纳来体现秩序感。

随着孩子的成长,儿童房的功能区会有所变化。蒙氏儿童房的设计就得考虑这种变化,这样才能与孩子的父母一同陪着孩子快乐地成长!

◆ 如何设计蒙氏儿童房

因儿童房的设计要随着孩子的成长而改变,所以设计可参考孩子成长的年龄段进行。在日常生活中,我们把14岁以下的未成年人称为儿童,14岁过后,孩子就踏入了洋溢青春之火的青少年期。

这里把儿童成长年龄段分成3个阶段。

下面重点介绍第1、2阶段的儿童房设计思路,并讨论以下两个问题。

第1阶段:0~3岁
第2阶段:4~6岁
第3阶段:7~14岁

1.临时房间与书房的融合设计方法。
2.如何设计"二宝房"?

培养秩序
打造有特色的蒙氏儿童房

0~3岁儿童房空间设计思路

在0~3岁这一阶段是孩子最需要父母与家人看顾的时期。一般来说，1岁以前的孩子会从一开始的吃吃睡睡到学会翻身，再到不断掌握控制身体的技巧，学会坐、爬、扶物站立。1岁后，他们就能渐渐学会行走。3岁前，他们就可以开始接受秩序的培养。所以，第1阶段又可根据孩子的活动能力高低划分为3个小阶段。

0~5个月：躺、翻身。

6~12个月：坐、爬、扶物行走。

13~36个月：独立走、培养秩序。

小阶段的划分能让我们快速厘清孩子的需求，从而为功能区及相应设施的设计提供参考与帮助。

◆ 0~5个月

0~5个月的宝宝都有什么需求？

当然是吃、用、睡、玩4个方面的需求，房间也按这4个方面来进行功能区划分。

吃：喂养区
用：整理区
睡：睡眠区
玩：活动区

0~5个月宝宝的喂养方法可分3种，分别是母乳喂养、奶粉喂养和混合喂养。4月龄后可添加辅食，制作辅食的地方并不在儿童房，所以这里可暂不考虑相应设施的设计。而相较于奶粉喂养，母乳喂养时的便捷和舒适更应被优先考虑，所以喂养区的设计首先应站在母亲的角度去考虑。

一般的母乳喂养姿势有坐姿和卧姿。在孩子出生后的前几个月，母亲会花大量的时间在哺乳上，一个哺乳姿势可能需要保持15~20分钟，所以一些用于舒缓疲劳与消磨时间的设备都需要一一安排上，这样才能让母亲身心愉悦地享受与孩子的亲密时光。

出于种种考虑，这里给出的设计想法是可在喂养区添置一张坐躺两用的沙发。

喂养区添置这种只有一边有扶手的小沙发可以让母亲在喂养时调整姿势（半躺、斜躺）以缓解疲劳。也可选购网上的沙发椅。

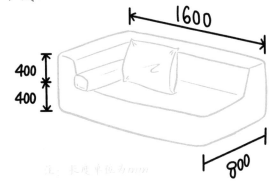

1600
400
400
800

注：未标明单位为mm

0~5个月宝宝的用品不少，包括喂养、清洁等相关用品，也包括穿着用品。例如，奶粉、奶瓶、纸尿裤、温奶器、小水盆、沐浴露、痱子膏、润肤乳、按摩油、棉柔毛巾、湿纸巾、棉签、浴巾、汗巾、衣服、鞋子、袜子、帽子、围巾、小手套等。

　　东西虽多，但按功能需求，可将其分为收纳和护理两部分。针对收纳部分可设置收纳柜，用于放置常用的护理用品，以及衣服、鞋子、袜子等。针对护理部分可设置护理台，用于换尿布等日常护理。

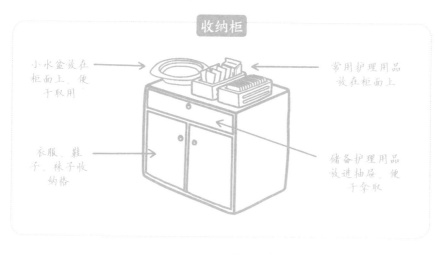

收纳柜

小水盆放在柜面上，便于取用

常用护理用品放在柜面上

衣服、鞋子、袜子收纳格

储备护理用品放进抽屉，便于拿取

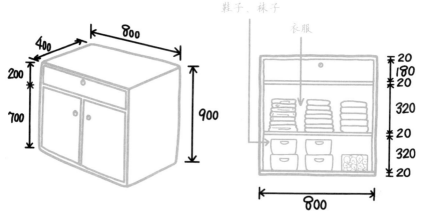

鞋子、袜子

衣服

800

400

200

700

900

20
180
20

320

20

320

20

800

护理台

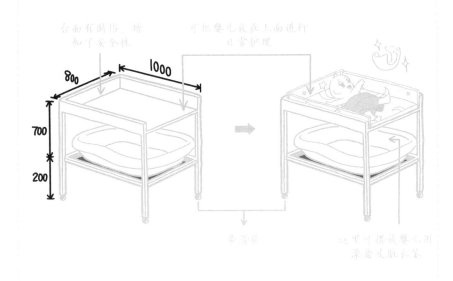

台面有围栏，增
加了安全性

可把婴儿放在上面进行
日常护理

800
1000
700
200

影青桌

这里可摆放婴儿用
棉被及服和装

0~5个月宝宝的睡眠时间较长，处于这一阶段的孩子需要一张安全舒适的婴儿床，而且他们晚上会因肚子饿了或拉尿而哭闹，所以这个时期应尽量在父母身边睡觉。婴儿床的高度最好与父母床的高度保持一致，便于照顾。家长们可从以下方案中获取灵感。

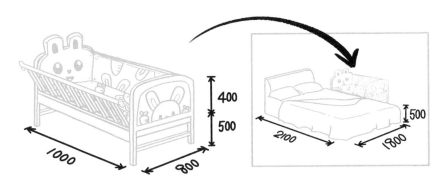

1000
800
400
500
2100
1800
500

0~5个月的宝宝玩耍更多的是活动身体。因为在这个阶段，孩子的活动范围不大，所以可在儿童房里铺上安全环保的活动垫，在孩子精神好的时候，将其放在垫子上，让孩子自己去探索。

活动垫区域可配置镜子，尺寸要合适，待孩子能站立或走路时使用。还可以放上一定数量的玩具，以便孩子练习抓握等。

活动区的大小由房间的尺寸决定。基于房间大小规划喂养区、护理区和睡眠区所占的面积。此外，剩下的区域都可看作活动区。

先将各区的形状简化成矩形，如右图所示。

睡眠区　　喂养区　　护理区

方案A: 房间面积7.5㎡

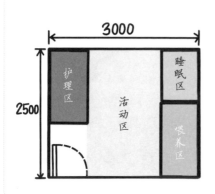

方案B: 房间面积5㎡

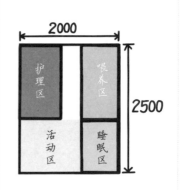

这个活动区也太小了吧！

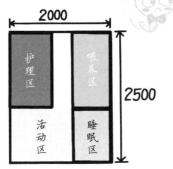

想要增加活动区的面积，很简单啊！只需调整家具的尺寸或摆放方式就好。

　　这里有两个区可调整：护理区和喂养区。

　　喂养区只有一张沙发，可把沙发换成尺寸小一点的沙发椅。沙发椅的款式颇多，购买时挑选合适的即可。

　　护理区有护理台与收纳柜两件家具，调整时只需改变一下它们的摆放方式。

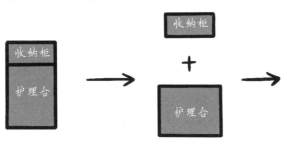

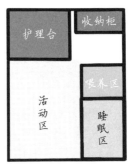

来看看将方案应用于实际后的效果。右图所示是一间大小约10㎡的儿童房，窗向南开，阳光照进来后，房内非常暖和。家具往边上摆放，空出的地方既可作为活动区，也可为日后改造做准备。

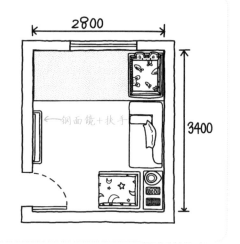

2800

3400

←钢面镜+扶手

◆ 6~12个月

6~12个月的孩子所需仍集中在吃、用、睡、玩4个方面，但相关用品却有所变化。

喂养方面：虽说可逐渐添加辅食，但仍需喂食母乳或奶粉，所以要保留喂养区。

护理方面：与0~5个月阶段相同，所需物品仍是那些。因此，护理区仍需保留。

与0~5个月的孩子相比，6~12个月的孩子活动更频繁，翻身变得熟练，且渐渐会爬行、扶物站立，开始努力学习直立行走。所以，睡眠区和活动区需要改变。

睡眠方面：婴儿床可撤掉，改为地床，让孩子在地床上睡，既有助于训练翻身，又有助于培养端坐、爬行及直立行走能力。

活动方面：活动区可与睡眠区连在一起。活动区域内可增设一些帮助婴儿翻身、坐起、爬行、站立和行走的辅助设施。

另外，可增加收纳柜，用来放置被子、凉席等。

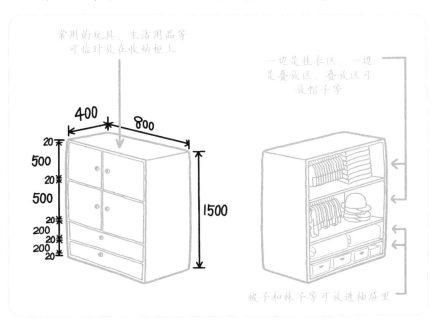

常用的玩具、生活用品等可临时放在收纳柜上

一边是挂衣区，一边是叠放区。叠放区可放帽子等

被子和袜子等可放进抽屉里

地床不能太高，除防止孩子因翻身而摔伤外，还可便于孩子练习攀爬、扶物站立、靠坐等。

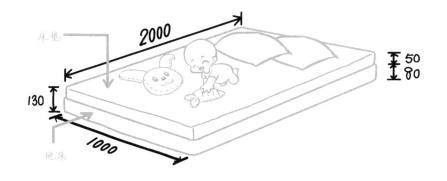

床垫

地床

局部布局发生改变后，儿童房的平面效果如下图所示。原睡眠区放婴儿床的位置改放收纳柜，原来放活动垫的位置改放地床，活动垫可放到活动区。

活动区内可放更多的早教玩具，如移动的玩具车、软球、陀螺、用来练习爬行的小楼梯、学步车、发声玩具等。小物件用收纳盒分类装好并摆放整齐。需要打扫卫生时，将这些物品快速收纳至收纳柜即可。

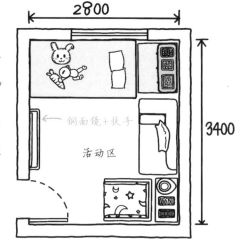

其他不同面积的儿童房也可以按这个思路进行设计。

◆ 13~36个月

这个时期的小孩已经学会独立行走，并开始有了自我意识，需要培养对于事物的秩序感。

喂养方面：大多数孩子已断奶，不再需要母乳喂养。喂养可由儿童房转移到餐厅进行。记得给孩子配上餐具、围嘴儿、适合他们身高的餐桌和凳子等。之前配置的喂奶的沙发仍可保留，可在进行亲子阅读时使用。

护理方面：因孩子会慢慢学会用小马桶如厕，尿不湿等用品会慢慢退出常用品清单。所以，原护理区里的护理台和收纳柜可逐渐撤出儿童房，留作他用。而代替它们的将是容量更大的收纳柜。

前面提到的高收纳柜可继续使用，在此基础上添加一个一模一样的收纳柜即可。一个用来收纳玩具等物品，另一个用来放置衣物、袜子等。

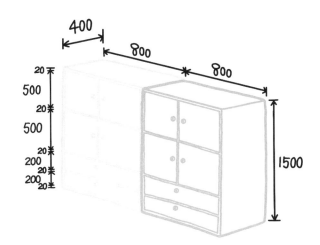

睡眠方面：地床仍可使用。因其尺寸为常规单人床大小，所以正常情况下，用到孩子成年时都没有问题。

活动方面：根据孩子的实际情况，逐渐增加玩具与活动内容的种类。可以在儿童房添加阅读区与创造区。

阅读区可以放置一张小书桌和一个小椅子，书桌上可以摆放一个小书架。小书桌最好轻一些，以便搬动。

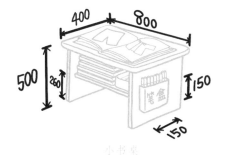

小书桌

小椅子

小书架

整体布局改变后，儿童房的平面效果如右图所示。

确定好大件家具的摆放位置后，就可以规划新功能区的位置了。

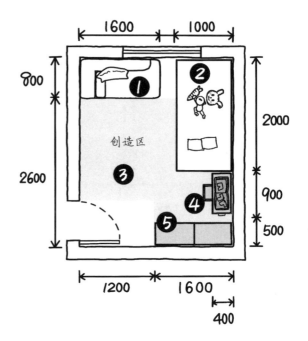

① 沙发面向创造区摆放。当孩子在创造区内玩耍时，大人可坐沙发上边放松边看护孩子，这样既能让孩子感到安全，又能与孩子进行互动。

② 保留下来的地床，尺寸合适，所以能长期使用。

③ 创造区是一个开放式空间，手工剪裁、种植、插花、叠衣服、敲击乐器等活动都可以在这里进行。

④ 设置阅读区可以让孩子养成阅读绘本、绘画等都需要坐在书桌旁完成的习惯。

⑤ 两个收纳柜能收纳衣服、玩具、被子等物品。孩子也可以学着独自取放、整理收纳物品。

以上是0~3岁儿童房的空间设计方案。虽然部分物品是需要根据孩子成长的不同阶段而做出相应调整的，但大部分的家具是能保留并继续使用的，这样的设计既省钱又实用。

4~6岁儿童房空间设计思路

4~6岁的孩子大部分时间依然是在家里度过，但比3岁前少，因为一部分时间会在幼儿园里度过。

现在，大多数幼儿园里的环境是根据蒙氏教育理念布置的。包括小桌子、小凳子、餐具、教具等，还包括户外运动设施。其中，桌子、凳子、户外运动设施等是结合孩子的身高来设计的，以便满足孩子的使用和成长需求。

那么，家里的儿童房该怎么设计才能与幼儿园衔接上？

先看看这个阶段的孩子在吃、睡、用、玩4个方面的需求变化。在吃方面，孩子的饮食结构逐渐向大人靠拢，对食物种类的要求更多样。在睡眠方面，孩子的睡眠时间也较3岁之前有所缩短，因此他们有更多时间去玩、去学习、去探索世界、去了解大人的生活。

所以，孩子在这个阶段需要的物品会更丰富，玩的项目也更具有个性化特色。他们通过感官进行的探索是具象的，所习得的经验能帮助理解抽象的事物。他们的空间思维也在逐渐从平面向立体过渡。

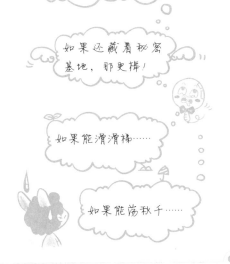

如果儿童房既能满足孩子对三维物体和空间探索的好奇心，又能满足孩子玩游戏、锻炼身体的需求，而且该有的收纳功能、休息功能、学习功能都不缺，那该有多棒啊！

如果还藏着秘密基地，那更棒！

如果能滑滑梯……

如果能荡秋千……

功能如此强大的儿童房必须有足够大的空间。

右图所示户型中的儿童房大小约12m²，想要让其集齐前面提到的所有功能还是略显吃力。

这时，可以把房间的上半部分空间利用起来。

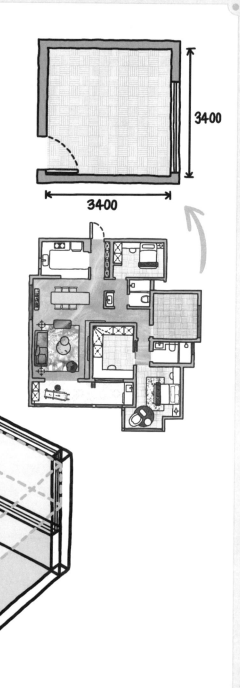

3400

3400

上半部分

把房间分为两层，上层作为休息区，用于睡觉；下层作为活动区，用于学习与玩耍。上下层可用楼梯与滑梯连接。

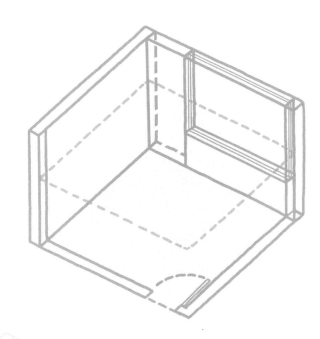

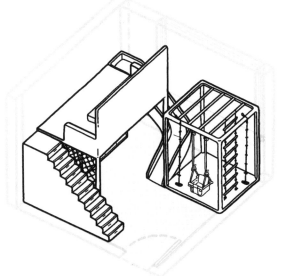

DaDa~

来看看效果图吧！

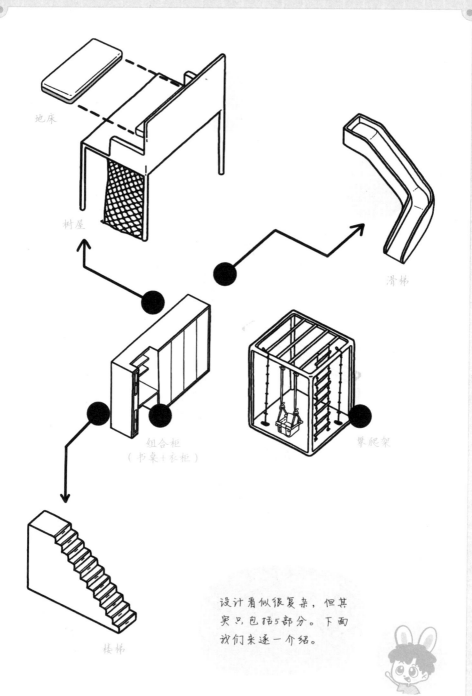

地床

树屋

滑梯

组合柜
（书桌＋衣柜）

攀爬架

楼梯

设计看似很复杂，但其
实只包括5部分。下面
我们来逐一介绍。

◆ 组合柜

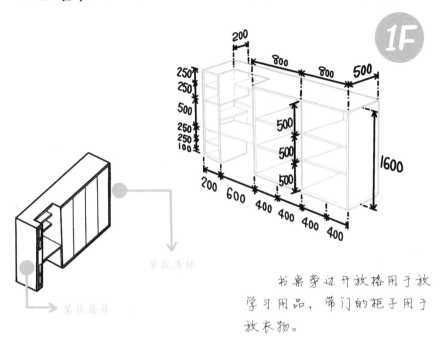

书桌旁边开放格用于放
学习用品，带门的柜子用于
放衣物。

◆ 攀爬架

3~6岁的孩子精力旺盛。在
房间内配置攀爬架，并在上面
挂上攀爬绳、绳梯、秋千等，
既能让孩子释放精力，又能让
孩子锻炼身体。记得要在攀爬
架下面放置垫子。

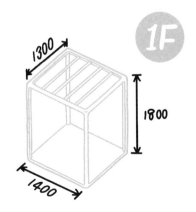

◆ 树屋

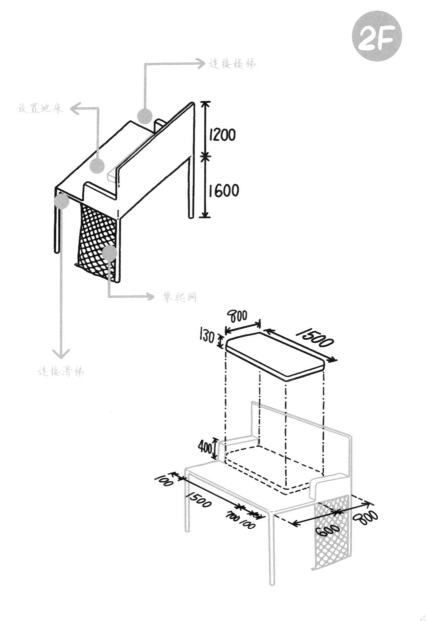

连接楼梯

放置地床

1200

1600

攀爬网

连接滑梯

800

130

1500

400

100

1500

700 100

600

800

◆ 滑梯

滑梯可以设计成悬空式的，防止遮阳。当然，也可以设计成非悬空式的。配置滑梯使房间变得非常有趣。

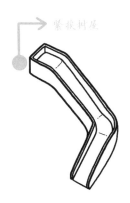

◆ 楼梯

通往树屋的楼梯共有11级台阶，每级台阶宽150mm，高134mm。每级台阶都可以做抽屉，以增加房间的收纳空间。

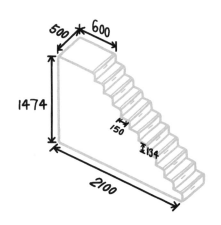

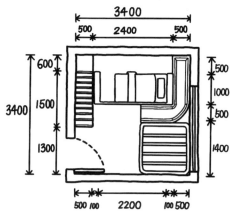

这是前面所介绍的设计方案。

这是第2种设计方案。

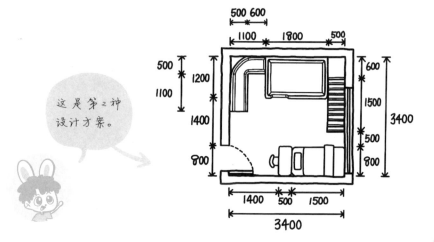

方案2继续沿用
方案1的设计思
路，把房间上半
部分空间利用起
来。不同的是，
在方案2中，上
层作为活动区，
下层作为休息区
与学习区。

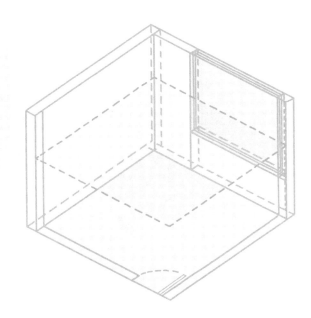

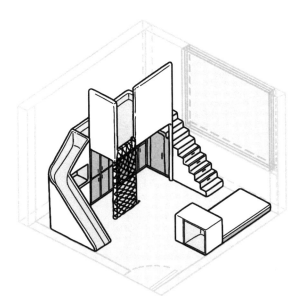

DaDa~

来看看效果图吧！

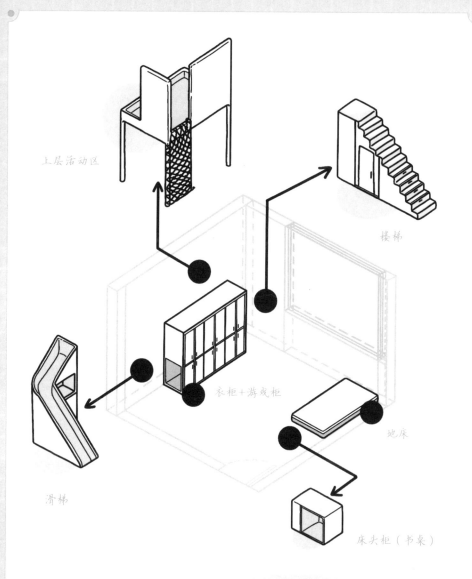

上层活动区

楼梯

滑梯

衣柜+游戏柜

地床

床头柜（书桌）

化繁为简，这个设计由6个部分组成，有的部分还设计了"小玄机"。下面就由我来——揭秘吧~

◆ 地床

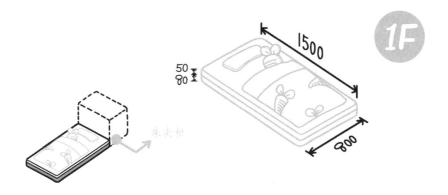

◆ 床头柜

床头柜也可以当书桌，旁边放上椅子，孩子就可以坐着阅读、画画、写字了。

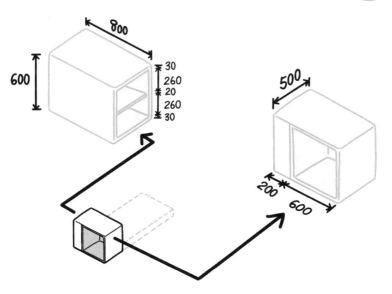

◆ 衣柜

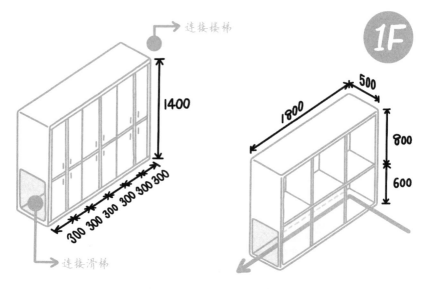

连接楼梯

1F

1400

500

1800

800

600

300 300 300 300 300

连接滑梯

衣柜底层设计成一个通道，其中一端连通
滑梯，可以用来玩捉迷藏。

◆ 树屋

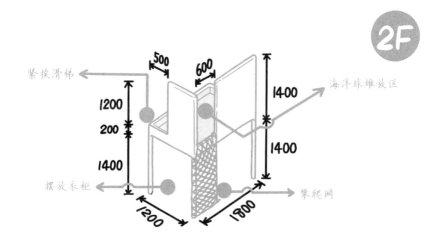

2F

紧接滑梯

500

600

海洋球堆放区

1200

1400

200

1400

1400

摆放衣柜

攀爬网

1200

1800

◆ 楼梯

楼梯侧面空间可设计成储物柜，并设置柜门，这样就可把折叠蹦床之类的大件物品收纳进去！

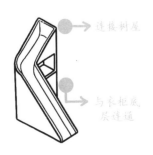

紧挨衣柜，建议封闭起来形成储物空间

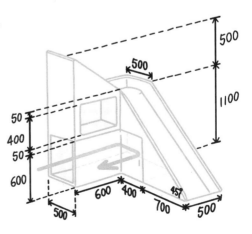

楼梯与树屋间有一定的高度差

4个台阶可以设计成抽屉

600
130
1470
1000
84
500
650
400
2100
500
198

◆ 滑梯

开放格用于收纳玩具。打开侧面小门后，可钻进去玩捉迷藏。

连接树屋

与衣柜底层连通

500
500
1100
50
400
50
600
600
400
700
500
500
457

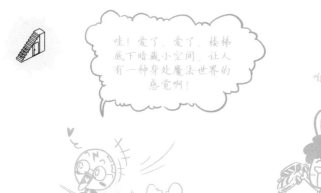

哇！爱了，爱了，楼梯底下暗藏小空间，让人有一种身处魔法世界的感觉啊！

咱们还有会"变身"的房间！

1

真的？

嗯！当然！

嘻嘻，厉害吧！

太有意思啦！

2　　　　　　　　　3

有上过电视的墨菲床，还有……

别说了，带我去看看。

会"变身"的房间

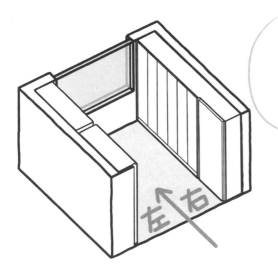

唉？右边是衣柜，左边是书架，这不就是普通的组合房吗？连房门都没有，只能算个空间，不能算是个房间啊！

嘻嘻！你要记住它现在的样子，房间待会儿就会出现喽！

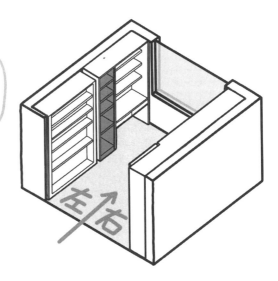

哇！"变身"啦！原来的开放式空间变成了一个房间啦！这是怎么做到的呢？

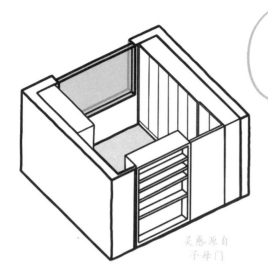

灵感源自
子母门

嗯！是的，无论从外面看，还是从里面看，它都成了一个房间啦！不过，这还没完。要是把收起来的床放下来，这个房间就变成卧室啦！

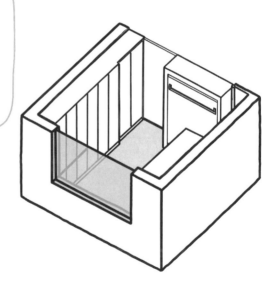

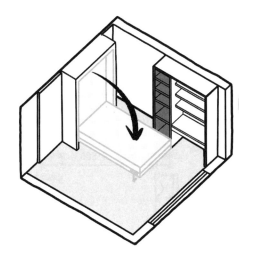

哇！这真的是太棒了！一房三用，既是书房，又是衣帽间，还是卧室，这是什么巧妙设计？快来介绍一下吧。

嗯！这个设计出现在一个真实的住宅设计案例中。这个住宅里住的是一个由三代人组成的五口之家，他们将迎来家里的第6名成员（二胎宝宝）。女主人希望在家坐月子，并打算聘请专业的住家月嫂来照顾自己。家里原本有4个卧室，但其中3个已经被使用，还有一个卧室被做成了开放式书房。考虑到月嫂不常住，设计师就建议将书房做成能"变身"的临时卧室。

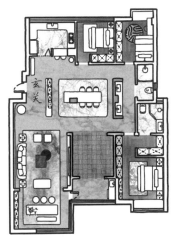

住宅平面图

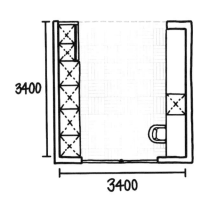

开放式书房（临时卧室）平面图

◆ 平面图

来看看书房"变身"前后的平面图，以便对设计有一个大致了解！

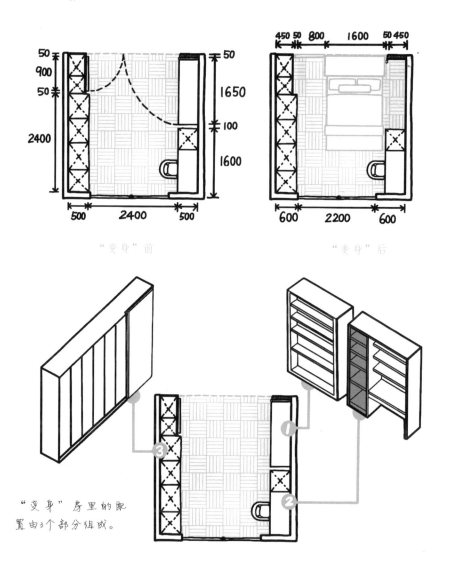

"变身"前

"变身"后

"变身"房里的配置由3个部分组成。

◆ 可移动的墨菲床

来看看很有意思的可移动的墨菲床。

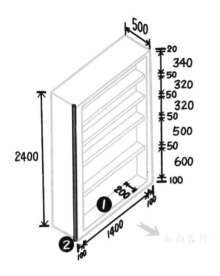

① 开放格后面是墨菲床，层板设计成200mm深即可。

② 柜体上加装转动轴和滚轮，便于整体转动。

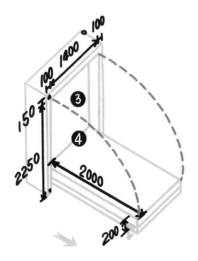

③ 这块板的背面是面向客厅的开放柜。

④ 床体与柜体连接的位置也安装了转动轴。可以在柜体的顶端与底端配上插销，以便固定床体。

◆ 书桌书架组合柜

再来看看墨菲床旁边的书桌书架组合柜。

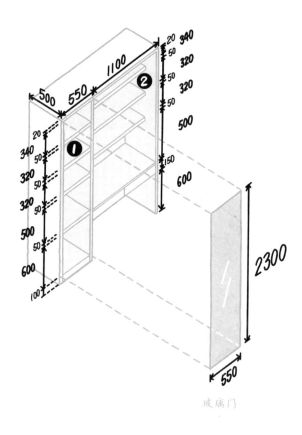

玻璃门

① 组合柜的封闭格深500mm。

② 组合柜的开放格深300mm。

◆ "藏着"房门的衣柜

还有"藏着"房门的实用衣柜。

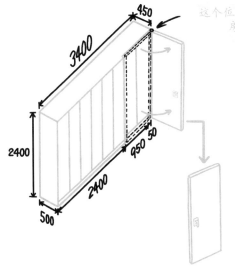

这个位置装了
房门的转动轴。

房门在收起时
能够和柜门处于同
一平面。门锁可以
选择普通的老式防
盗锁。

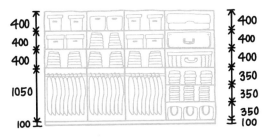

　　根据收纳方式的不同，可将衣柜分为
两个区：悬挂区和叠放区，使用者可根据
分区收纳衣物。

哦，原来是为了迎接二胎宝宝而准备的临时月嫂房。不需要时能恢复原样，这可太实用了。

嗯！当有需要时，还可以将其改成二胎宝宝的儿童房。

1

这套房子可真大，两个孩子各自拥有自己的房间。要是房子没那么大，不能满足每个孩子都有单独房间的需求，那该怎么办呢？

不难啊！这种情况可以这样处理！

2

如果两个孩子性别不同，建议给他们安排各自的房间，实在不行就设置隐私室间。

如果两个孩子性别相同，就可以安排他们住在同一个房间，然后划分出各自的空间就可以啦。

二孩家庭紧凑式儿童房

如果儿童房比较小，面积只有6m²左右，两个孩子同住一间，会不会不好安排？

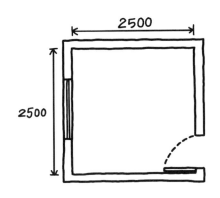

2500

2500

房子小，但当前又没有实力购买面积更大的房子，是不少二孩家庭面对的现实问题。在这种情况下，设计师关注更多的是空间与家具在不同阶段的重复利用率，他们通常在设计早期就开始注意家具的使用寿命与空间的合理利用。

房子小　　　　资金小

二孩家庭

不采用

家具使用寿命短
尺寸过大
室内空间利用不合理

采用

家具使用寿命长
尺寸合适
室内空间利用合理

◆ 大孩的0~3岁阶段

衣柜通常是使用寿命最长的家具，0~3岁儿童使用的衣柜通常能用到孩子长到6岁时，甚至更久。所以，设计师在设计初期可先考虑将衣柜安排进儿童房内。

孩子在0~3岁阶段用的床是婴儿床和地床。前期使用的婴儿床会放在父母卧室内，地床的使用寿命不长，所以在这一阶段，儿童房内可以暂时不放床，而是铺活动垫或放榻榻米。

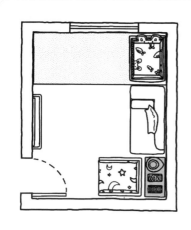

0~5个月儿童的卧室平面图

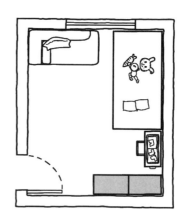

12~36个月儿童的卧室平面图

这样，0~3岁儿童的卧室内摆放的大件家具就只有一个衣柜，空出来的大块区域就铺上活动垫或放上榻榻米，便于以后移除并添置其他家具。

衣柜分平开门式和推拉门式。在结构上。推拉门衣柜比平开门衣柜多一个宽约100mm的推拉轨道。

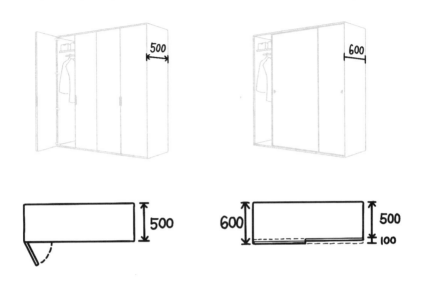

如果儿童房长2.5m，放50mm厚的平开门衣柜会比较合适。

※ 为了延长衣柜的使用时间，可以把衣柜设计成如下面右图所示的样子。

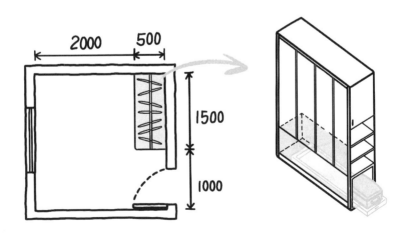

◆ 大孩的4~6岁阶段

　　孩子在这个阶段需要有一个独立空间。可以给孩子的卧室安排床，这样孩子就可以独自在卧室里睡觉了。

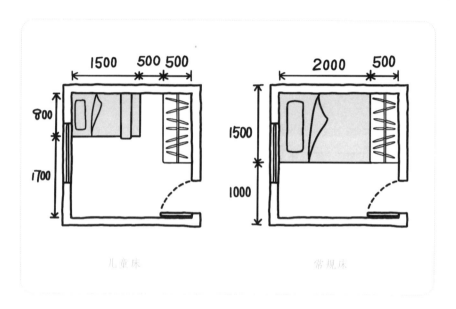

儿童床　　　　　　　　　　常规床

　　建议选购侧面带抽屉的儿童床，便于收纳玩具。

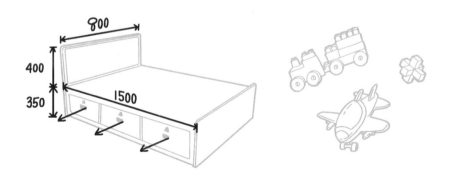

儿童床可换成尺寸为2000mm×1500mm的常规床。这个尺寸的床也适合6岁以上的孩子使用。如果将其紧挨着衣柜摆放，虽然占用了通道，但也不影响衣柜的使用。需要注意的是，床面的高度为500mm，为避免孩子不小心翻下床摔伤，可在床旁边的地面上放一张垫子。

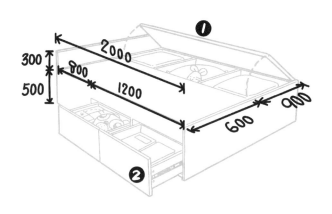

①靠墙的那半边床体可以设计成箱式结构的，半边床板可掀起来，不常用的玩具、衣物等可以收纳进去。

②抽屉用于收纳书籍、常用的玩具和游戏垫等。

◆ 大孩的6岁以上阶段

孩子过了6岁，用于学习的时间就变多了，阅读与写作时用的书桌得安排上。

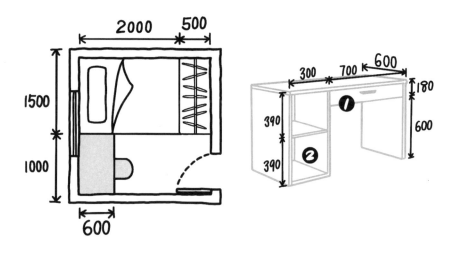

①抽屉用来收纳作业本、铅笔等文具。

②开放格用来摆放常用的课本、教辅图书等。

③台灯插座设计在书桌的左上方，离书桌桌面的高度大概为200mm。

④尺寸为2000mm×1500mm的床在这个阶段仍可继续使用。床侧面紧贴书桌的位置无须设计抽屉。

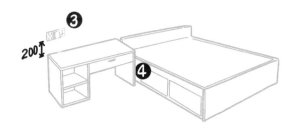

当使用尺寸为2000mm×1500mm的床时，衣柜前方的过道就被占用了。这样普通的平开门衣柜就无法正常使用，而推拉门衣柜使用起来可能会遇到柜门推拉不顺畅的情况。这时就需要把衣柜换成适合有限空间的。

这里重点说一下紧靠床尾的衣柜。这个衣柜在前面有所提及，比起普通的衣柜，它的设计比较特别，使用时间会更长。

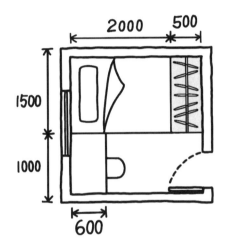
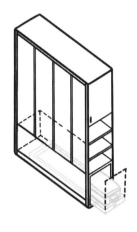

考虑到使用时长与实用性，我们推荐从0岁开始便使用类似设计的衣柜。

柜体可大致分为以下两部分：紧贴床尾的侧面柜和高出床面的平开门柜。

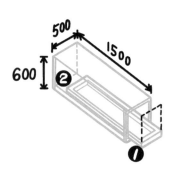

侧面柜

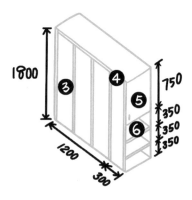

平开门柜

①侧面柜有能滑动的托架，方便推拉。因较宽、较深，所以能放行李箱、滑板、凉席等大件物品。

②这一面紧贴床脚，没有柜门。

③平开门柜主要用来收纳衣物。

④这是一个假柜门。

⑤上方的储物格不常用，做柜门可提升美观度。

⑥这3个开放格可用于放书、奖状和摆件等。

⑦小孩子需要挂的衣服不是特别多，所以我们在左边设计了一个小型挂衣区。

⑧叠放区可用来放置好的衣服、被子等。

⑨设计一个小抽屉，用来放袜子、内裤等。

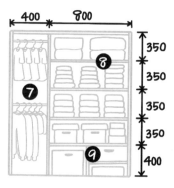

平开门柜

两个同性别孩子同住一室

当两个孩子都长大一些后，且他们愿意分享一间卧室时，就可以安排他们同住一室。前面提过，两孩同住一室又分为两个同性别孩子同住一室和两个异性别孩子同住一室两种情况。

先说说两个同性别孩子同住一室的房间设计思路。

· 无论是一个人住还是两个人住，卧室都有3件必备物品：床、书桌和衣柜。

· 如果房间面积小，可参考前面讲过的设计思路，把房间的上半部分空间利用起来。

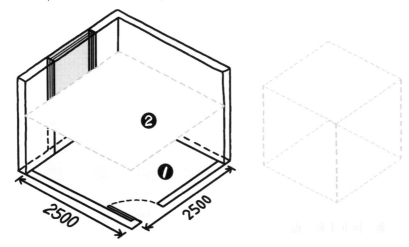

① 建议将两张书桌都放于下层地面，只放置一张床在下层给年纪小的孩子使用。衣柜置于下层地面，上层做吊柜用于收纳。

② 另一张床置于上层，给年纪较大点的孩子使用。

这里说明一下，为配合设计，房门的位置有所改动。整体的设计效果，如右图所示。

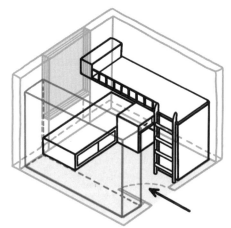

这样，两个孩子就有了各自的床、衣柜和书桌，休息空间也相对独立。

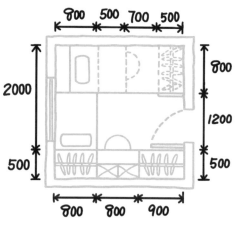

为了让房间整体看起来比较敞亮，衣柜和床都尽量不挡窗户，以便阳光透过窗户温暖两人的小空间。

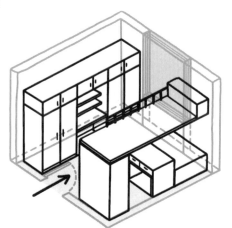

将陈设拆分出来，各件家具如下图所示。

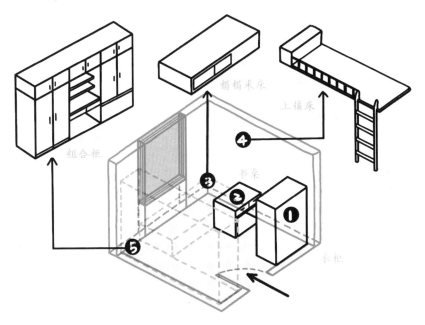

组合柜　榻榻米床　上铺床　书桌　衣柜

拆分后，每件家具的摆放位置与外观样式就很清晰了。大件家具共有5件，下面对它们逐一进行介绍。注意，新的设计对房子的结构进行了改动。对比原卧室平面图与新设计图可以发现，房门的位置被移动了。

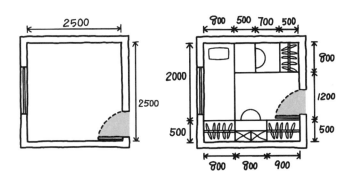

原卧室平面图　　　　新设计

每个孩子都有自己的专属衣柜、书桌和床，考虑到使用的方便性，我们采用就近原则来安排它们的位置。

下铺孩子专属

衣柜、书桌、榻榻米

上铺孩子专属

上铺床、组合柜

◆ 下铺孩子专属

衣柜

① 大部分区
域设计成叠
放区。

② 靠近底部
的区域设计
成抽屉。

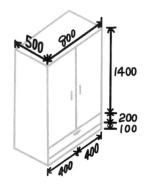

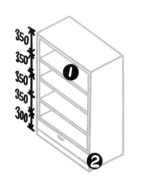

书桌比较矮，
不做开放格，只做
抽屉。

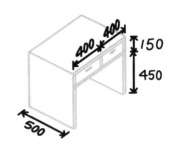

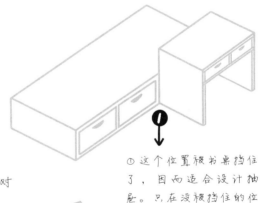

① 这个位置被书桌挡住
了，因而适合设计抽
屉。只在没被挡住的位
置做两个抽屉即可。

② 这个位置做一个对
开门式储物格。

③ 这个位置做一个单
开门式储物格。

◆ 上铺孩子专属

上铺床

定制床靠，平时可作为床头柜使用，在上面放置手机和书本。

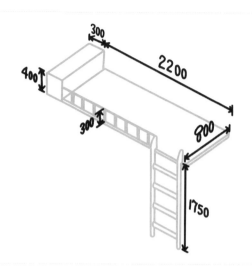

组合柜

① 上方储物柜用于收纳被子。

② 挂衣区。

③ 底部储物柜的柜门可设计在侧面，以便把行李箱从侧面塞进去。

④ 叠放区。

⑤ 叠放区。

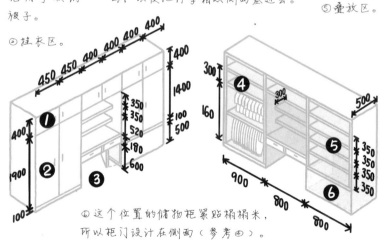

⑥ 这个位置的储物柜紧贴榻榻米，所以柜门设计在侧面（参考④）。

两个异性别孩子同住一室

两个同性别孩子同住一室的房间设计思路介绍完了，下面来介绍两个不同性别的孩子同住一室的房间设计思路。与两个孩子同性别孩子同住一室的情况相比，异性别孩子同住一室更需要加强个人隐私的保护。所以，这里在两个同性别孩子同住一室的房间设计方案的基础上，添加了保护个人隐私的设计。

从右侧的平面图可以看出，需要加强隐私保护的区域集中在两张床所在的区域。

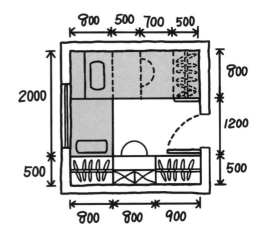

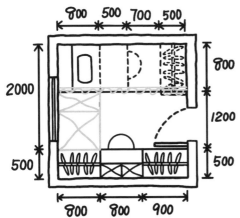

可以学习大学生在学校宿舍里的做法，在床上安装床帘。也可以设计吊柜，在增加收纳空间的同时起到保护隐私的作用。

整体的设计效果如下图所示。

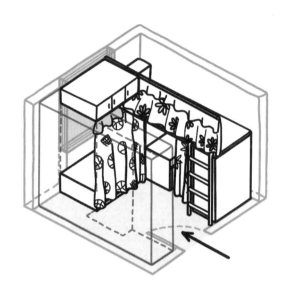

帘子一挡，吊柜一装，无论是从下往上看，还是从上往下看，两个孩子的个人空间的私密性都能得到保障。

像这种家里有一男一女、年纪相仿的两个孩子的，而儿童房只有一个且面积只有6 m²左右的情况称为极限情况。

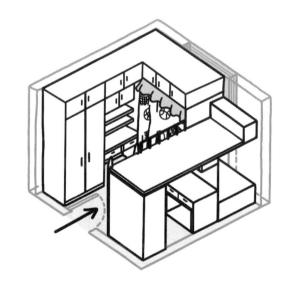

将陈设拆分出来，各件家具如下图所示。

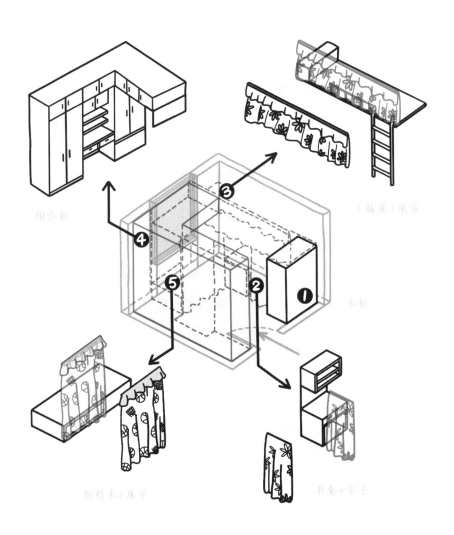

组合柜

上铺床+床帘

衣柜

俏榻米+床帘

书桌+帘子

◆ 上铺孩子专属

① 大部分区域设计成叠放区。

② 靠近底部的区域设计成抽屉。

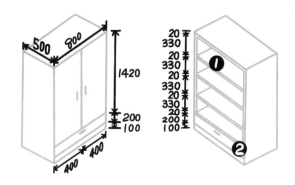

书桌+帘子

③ 在床板底部安装轨道，挂上帘子后，书桌区域就形成了一个私密空间。

④ 书柜换成带双层开放格的，以增加收纳文具和学习资料等物品的空间。

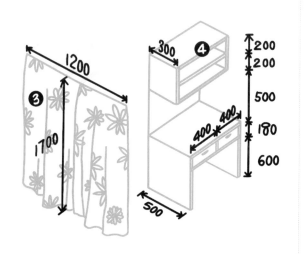

上铺床+床帘

① 上铺床的尺寸保持不变，床靠可放置手机和书本。

② 可在房间吊顶上安装床帘轨道，然后就可以挂上喜欢的床帘使用了。也可在网上选购搭配支架的床帘。

③ 这个位置需要增加立板，立板的尺寸会在后面介绍组合柜时给出。

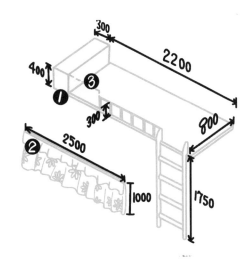

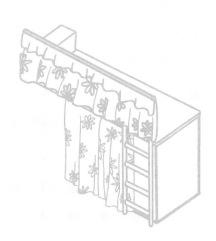

◆ 下铺孩子专属

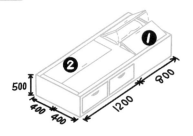

①这个位置做一个对开门
式储物格。

②这个位置做一个单开门
式储物格。

组合柜

③和④都是衣柜。

④开放格上面的柜子里放不常用
的课本，开放格中放常用的课
本，两者的深度均为300mm。

⑤顶部储物柜可用于收纳被子。

⑦悬空储物柜底部加装轨道，挂
上帘子后，榻榻米区域就形成了
一个私密空间，孩子就可以在里
面换衣服。

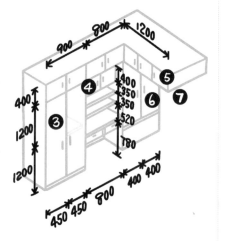

　　以上就是面积为6㎡左右的"二宝房"的设计思路。
如果房间的面积比较大，可以根据以上设计思路进行尺寸
调整。

第2章

拒绝乏味,
家就是我们
的兴趣宝地

住心密码2: 大放异彩

我自己的家，我做主

随着社会的不断发展，人们的居家生活需求在不断变化。特别是近几年人们的居家时间变多了，一些现代家庭就对居家生活产生了更多期待，逐渐把一些在户外进行的活动项目搬进了家里。

我全都要！

新媒体

根据近几年新媒体统计数据，家庭趣味生活成为我国约1.82亿个家庭的"精神生活食粮"和社交平台人气持续增长的爆款内容。

也就是说，更多家庭开始注重兴趣爱好的追求。为此，他们都会想尽办法去改造住宅。

所以，怎么把家变得"既宅又好玩"是这一章要分享给大家的主要内容。

你过来啊！

乐玩之家

来啦！

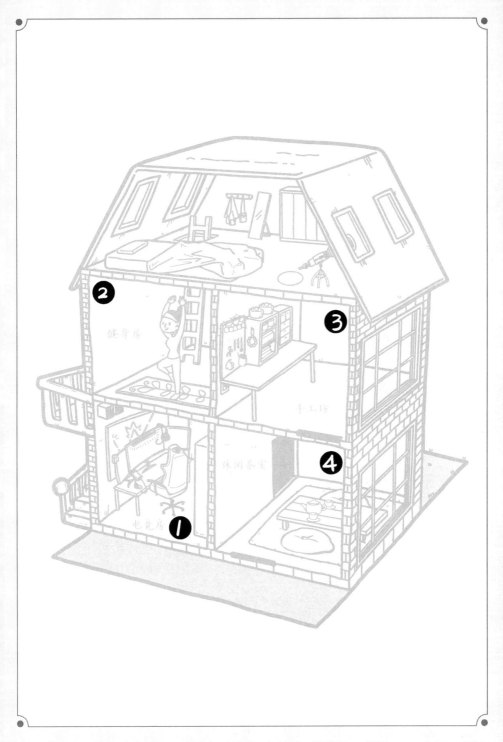

大放异彩
让生活丰富多彩的兴趣宝地

这一章内容包含4个部分，涉及的兴趣爱好有电竞、健身、收纳、品茶。

电竞爱好者的专属房间

爱玩电子游戏的人，都特别希望能在家安排一个电竞房。在电竞房里玩游戏更有气氛、更方便、更舒适、更"在状态"。玩饿了，有零食吃；玩困了，能躺在沙发或床上休息，约朋友"开黑"不受影响，别提多得劲了。

兄弟，今晚"吃鸡"？

◆ 如何打造一间电竞房

好！来我家电竞房玩吧！

OK!

Step1: 了解电竞房的基本配置

电竞房的"四大金刚"：

1.电竞桌椅，玩游戏必备。

2.沙发躺椅玩累了可以躺一会儿。

3.零食柜各种零食都可以放入。

4.冰箱冷藏饮料及开包后未吃完的零食。

也就是说，电竞房需具备4个功能：游戏功能、休息功能、零食储存功能、展示功能。外加一个烘托气氛功能就完美了。下面就来介绍这些功能区。

游戏区：电竞桌、电竞椅

市面上的电竞桌和电竞椅的款式与尺寸有许多，大家可根据房间尺寸选购合适的。

电竞桌

电竞椅

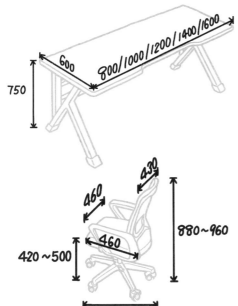

600

800/1000/1200/1400/1600

750

430

460

460

880~960

420~500

520

电竞椅建议选用人体工学椅，这种椅子可升降且椅脚带万向轮，方便调节高度和移动，坐在这样的椅子上玩游戏会感到更舒适！

休闲区：沙发躺椅

这种单人沙发躺椅就可以放入电竞房内，尺寸可根据房间大小选择。

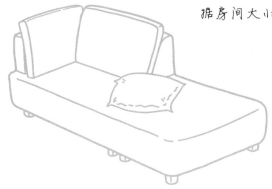

复活点

零食储存区：冰箱+储物柜

需冷藏的饮料和已开包但未吃完的零食都可以放进冰箱里，冰箱的容量可按需选择，除了图片所示的8L迷你冰箱，还有10~20L及50L左右的冰箱，也适合用于冷藏零食。

无须冷藏的饮料与零食就用收纳盒、收纳箱或收纳柜收纳即可。收纳柜的尺寸也可以根据房间大小来定。

8L迷你冰箱

零食收纳柜

展示区：展示柜

展示柜用于摆放电竞比赛的奖状、奖杯，以及角色手办等与电竞相关的纪念物品。

★×50

战绩展示

烘托气氛区：投影仪+电竞氛围灯

市面上的电竞氛围灯的款式和投影仪品牌都有很多，大家可根据个人喜好选购。

投影仪

电竞氛围灯

别总是说"根据房间大小合理选购",展开来说说嘛!

嗯呐!

Step2: 根据房间尺寸设计电竞房

下面以右图所示的房间尺寸为例,来展开说一说怎么布局电竞房的陈设。

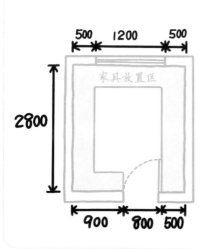

这个房间不大,为了让房内有足够宽松的活动空间,家具须靠墙摆放。

确定了家具的摆放原则后,就可以确定每一件家具的具体摆放位置了。

家具的摆放需要考虑的动线的流畅度与空间的利用率。

Q: 先摆放哪件家具呢?

A: 先摆放占空间最大的家具。

为什么呢? 原因可以从右边这个问题的答案中找到。

把大石头、鹅卵石、沙子和水装入杯子内,按照怎样的顺序装才能装得最多?

答案: 先放大石头,再放鹅卵石,接着放沙子,最后倒入水。

沙发

普通沙发躺椅的尺寸大概为1400mm × 800mm,而门后四方空间的宽度只有500mm,所以沙发不能放在门后。

靠窗的位置也不适合摆放沙发,因为考虑到人观看投影画面的最佳距离为3000mm,且投影幕布的长度一般在2200m左右,所以沙发放在进门左手边靠墙的位置最合适。

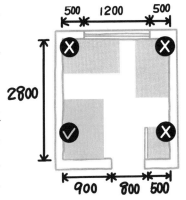

tips: 沙发躺椅的座高可设计为300mm,这样人躺下来时会感到更舒适。

投影仪+幕布

确定了沙发躺椅的位置后，投影仪与幕布的位置也就可以确定了。如右图所示，在靠近窗户的吊顶上安装可升降的隐藏式投影幕布。当有电竞比赛时，就可以将画面投到幕布上观看，如不使用，便可收纳到吊顶里。投影仪可安装在沙发躺椅上方的吊顶里，可升降。

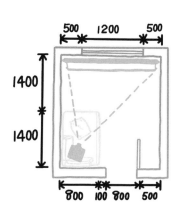

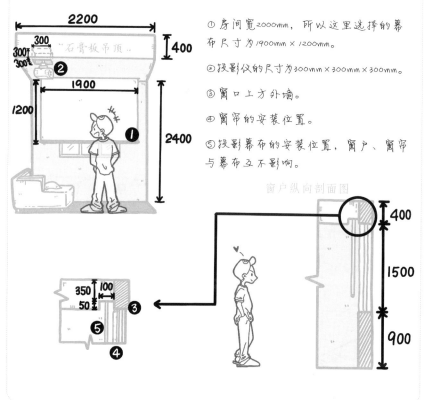

① 房间宽2000mm，所以这里选择的幕布尺寸为1900mm×1200mm。

② 投影仪的尺寸为300mm×300mm×300mm。

③ 窗口上方外墙。

④ 窗帘的安装位置。

⑤ 投影幕布的安装位置，窗户、窗帘与幕布互不影响。

窗户纵向剖面图

确定了投影仪和投影幕布的位置后，我们就可以确定下一件家具的摆放位置。从右边的窗户纵向剖面图可以看出，幕布放下以后，其底边的离地高度为1250mm。

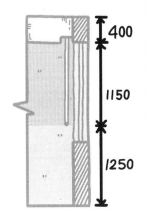

窗户纵向剖面图

结合家具的高度，迷你冰箱、矮展示柜、零食收纳柜与电竞桌椅都可以放到幕布下方。考虑到空间利用率，可以把冰箱、展示柜、零食收纳柜组合到一起，定制一个组合柜。组合柜高度为2400mm，柜顶正好到达吊顶。

冰箱　　零食收纳柜　　展示柜　　组合柜

组合柜因高度的问题，不适合放在幕布底下。

将电竞桌椅放在幕布底下，不仅高度正好合适，还不影响动线的流畅度。所以，电竞桌椅最适合放在这里。

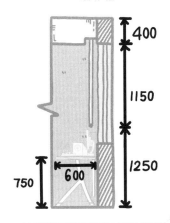

　　房间宽2200m，电竞桌可以做成同样长度的，如果要在线上选购现成的电竞桌，可以选择一张长为1600mm的，也可以选择两张长为1000m的，这样既可以供一个人使用，也可以供两个人一起使用。

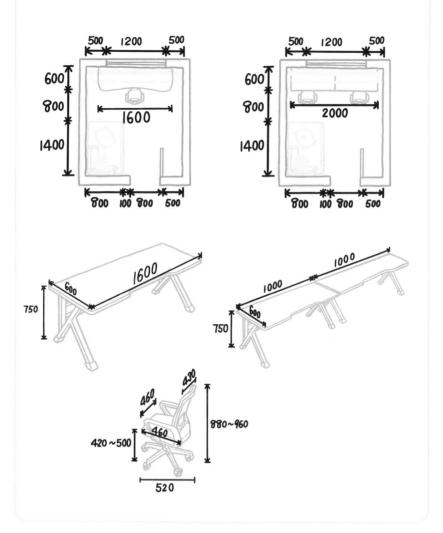

下面来摆放定制组合柜和氛围灯。先摆放组合柜，如果将组合柜设计为500mm厚，它就适合放在门后的位置了。

这里展示了集3个功能于一体的组合柜的尺寸和样式。

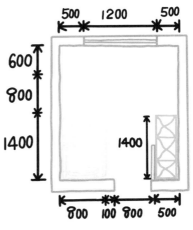

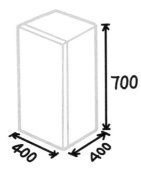

①展示区:用于摆放手办与战绩奖杯等。

②临时收纳区:用于收纳零食。

③冷藏区:可放置3台迷你冰箱或冰吧,用于冷藏饮料等。

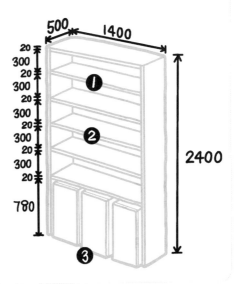

氛围灯

这里推荐安装的电竞氛围灯主要
有3种。

①可在线上选购氛围量子灯。

②可使用投影灯，将投影灯放在桌上并向吊
顶投影，投出战队标志等鼓舞士气的图案，
以支持喜爱的电竞战队。

③可在墙上安装具有个人特色的灯，以突显
个性。

氛围量子灯

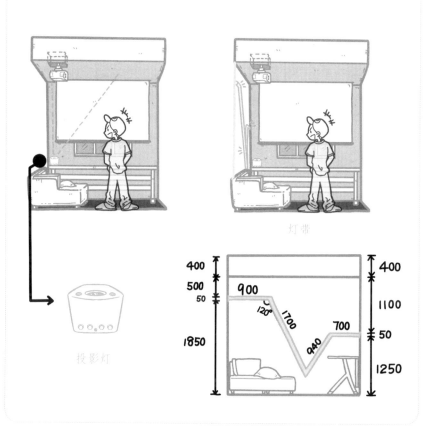

投影灯

灯带

于先生

我家的电竞房
点赞量超百万

🔊 电竞房

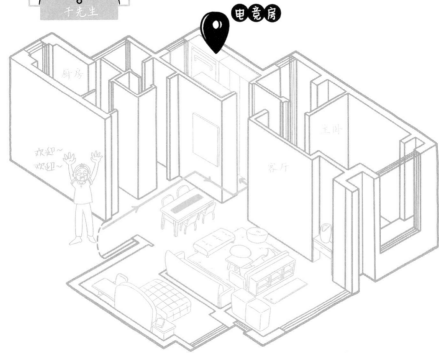

厨房

欢迎～
欢迎～

客厅

主卧

嘤嘤

接下来我们到全网粉丝超1000万的资深电竞博主于先生的家里，参观一下他的生活娱乐私密空间。

◆ 电竞爱好融入生活

　　这是一个三室两厅的户型，有两个房间是常规卧室，剩下一个房间既要作为于先生的工作室，又要作为书房，还要用于服饰收纳，必要时还要作为临时客房。所以，这个房间不仅作为电竞房去使用，设计时要兼顾其他用途，这才是将爱好融入生活的底层逻辑。

　　先看看多功能电竞房的平面图和效果图吧。

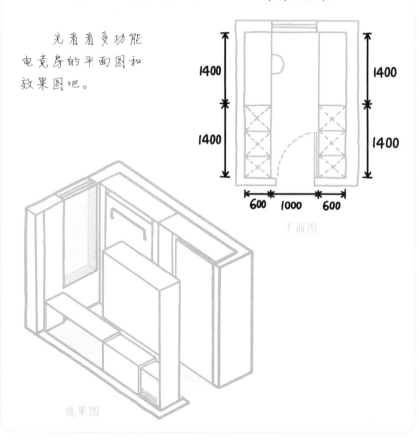

1400

1400

1400

1400

600　1000　600

平面图

效果图

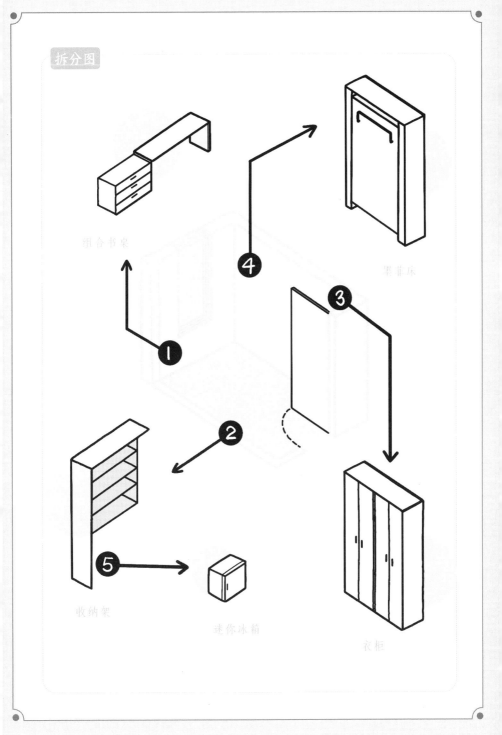

拆分图

组合书桌

收纳架

迷你冰箱

衣柜

墨菲床

◆ 电竞区

既然是电竞区，那就少不了桌子，但这个房间里的电竞桌并不是普通款的，而是定制的可移动、可伸缩的组合书桌。

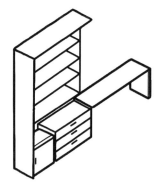 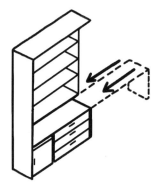

当桌子收起后，空出的位置就可以用于放置打开的墨菲床。

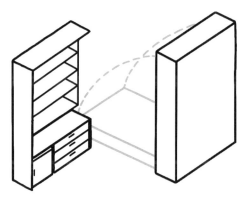

轨道+组合书桌

　　摆放可移动组合书桌前，需要在墙上安装长度与整面墙长度相同的五金轨道。

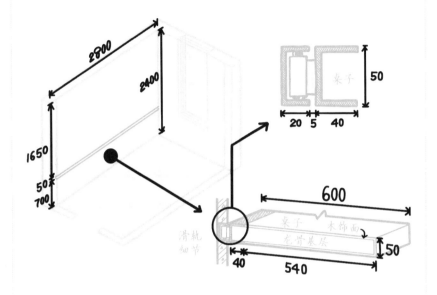

2800

2400

50

20　5　40

桌子

1650

50

700

滑轨细节

600

桌子　木饰面

龙骨基层

40　540

50

组合书桌的尺寸

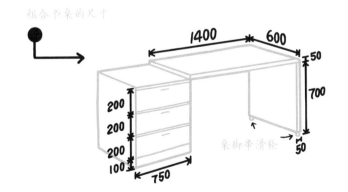

1400　600

50

700

200

200

200

100

750

桌脚带滑轮

50

收纳架

　　接下来看看负责承载电竞区零食储存功能与展示功能的收纳架。

　　为了与可移动书桌组合起来使用，收纳架的下半部分是空的，手办、战绩奖杯与零食等都可放于上半部分的开放格中。

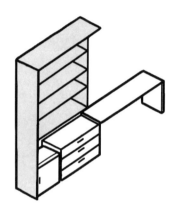

侧板与开放格的深度对比

电竞区就是于先生的工作区

①手办与战绩奖杯展示区。

②零食储存区。

③墙壁上的这个位置可安装洞洞板，用于放置手办等物品。

④迷你冰箱摆放区。

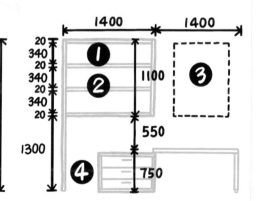

- 082 -

◆ 服饰收纳区

衣柜

电竞区介绍完了，接着说说服饰收纳区，服饰收纳功能只需一个衣柜就可以实现啦！

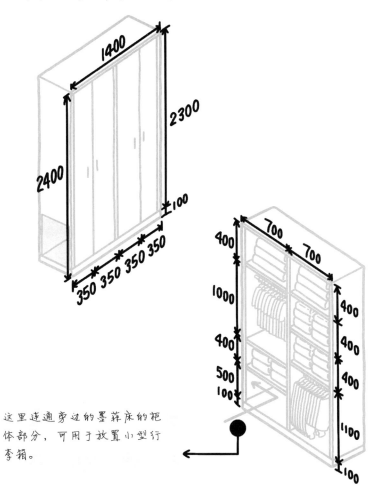

这里连通旁边的墨菲床的柜体部分，可用于放置小型行李箱。

◆ 休息区

　　床体放下前，墨菲床的外观结构看起来比较简单；床体放下后，你就会发现内有"乾坤"。

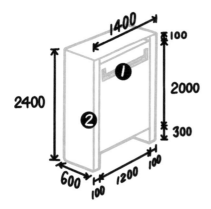

① 墨菲床的五金床脚，打开后作为床的支撑，不用时可收起来。

② 柜体两边留100mm宽的挡板，用来安装墨菲床五金。

③ 床体放下后，会看到一组300mm的开放格。这里既可以作衣服置放区，也可以作书架。柜体空间要充分利用。

④ 这里的开放格可作为装饰区。

⑤ 这里是空心的，并与旁边的衣柜连通，可用来放箱子。

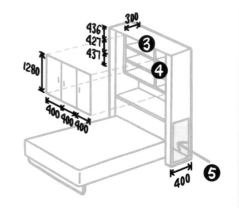

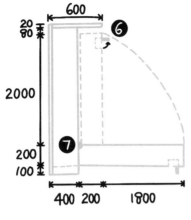

⑥床体顶端与柜体顶板之间的空隙宽80mm左右，便于床体转动。

⑦床体转动轴安装在此处。

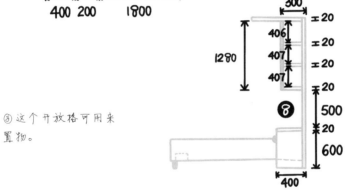

⑧这个开放格可用来置物。

谢谢于先生让我们参观您的电竞房！

不客气，下次再来玩。

下面我们去看看怎么设计家庭健身房。

嗯嗯!

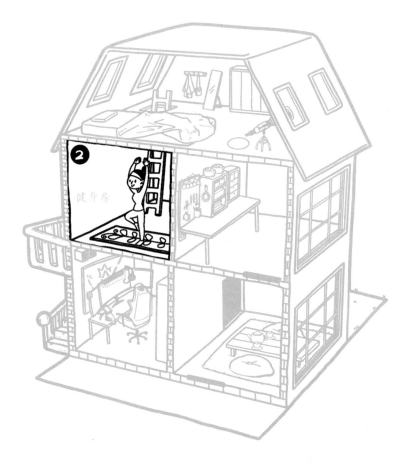

健身达人的角落宝地

居家健身是近几年流行起来的家庭体育活动。随着居家健身运动的流行，各种居家健身产品应运而生，市场上琳琅满目的居家健身好物，到底哪一种更适合自己呢？

这里建议从3个方面来考虑居家健身产品的适用性。

第一，塑形。为了保持身材比例及曲线而进行健身运动。

第二，力量训练。为了锻炼肌肉而进行健身运动，这种运动通常需要一个比较开阔的空间。

第三，有氧运动。为了保持身体健康而进行低强度健身运动。虽然强度低，但只需持续时间较长且有节律，配合器械进行效果会更好。

一般来说，男性偏爱锻炼肌肉，并且大多会使用哑铃。如果要进行有氧运动，那么可以选择购买跑步机。而女性更喜欢塑形，且选择瑜伽、普拉提等有氧运动的比较多，也有人使用跑步机跑步，以保持身材。所以，选择健身器材还是得根据自己的锻炼方向来。

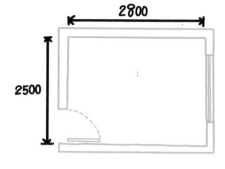

下面来说说这些锻炼器材在房间应该怎么安排。

这里以右图所示的尺寸为2800mm×2500mm的房间为例来进行讲解。

房间分区

因塑形训练和力量训练需要一个开阔的空间，所以分区时要划分出一个大空间。

另外，因力量训练和有氧运动需要配合器械进行，所以分区时需要划分出一个空间用于堆放器械。

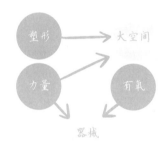

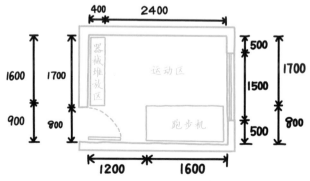

这里将健身房大致分为3个区域。

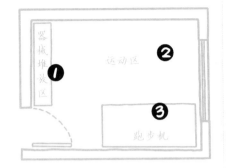

① 器械堆放区。器械使用完应集中收纳，避免因堆放凌乱而影响运动区的使用。

② 运动区要尽量宽大一些，以便人在运动时可以舒展开来。

③ 由于普通家庭里的健身房面积一般不大，因此这里仅在房间内摆放一件体积较大的跑步机。在条件允许的情况下，也可以增加其他器械。

◆ 器械堆放区

铁艺金属架

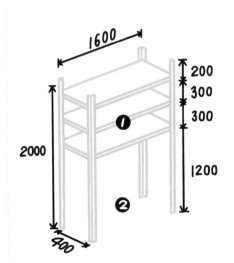

铁艺金属架开放格用于摆放重物。

① 上方的开放格用来摆放小型器械，如拉力器、滑轮、跳绳等。

② 下方空着的地方可以摆放大件用具，如折叠训练凳、瑜伽垫和哑铃架等。

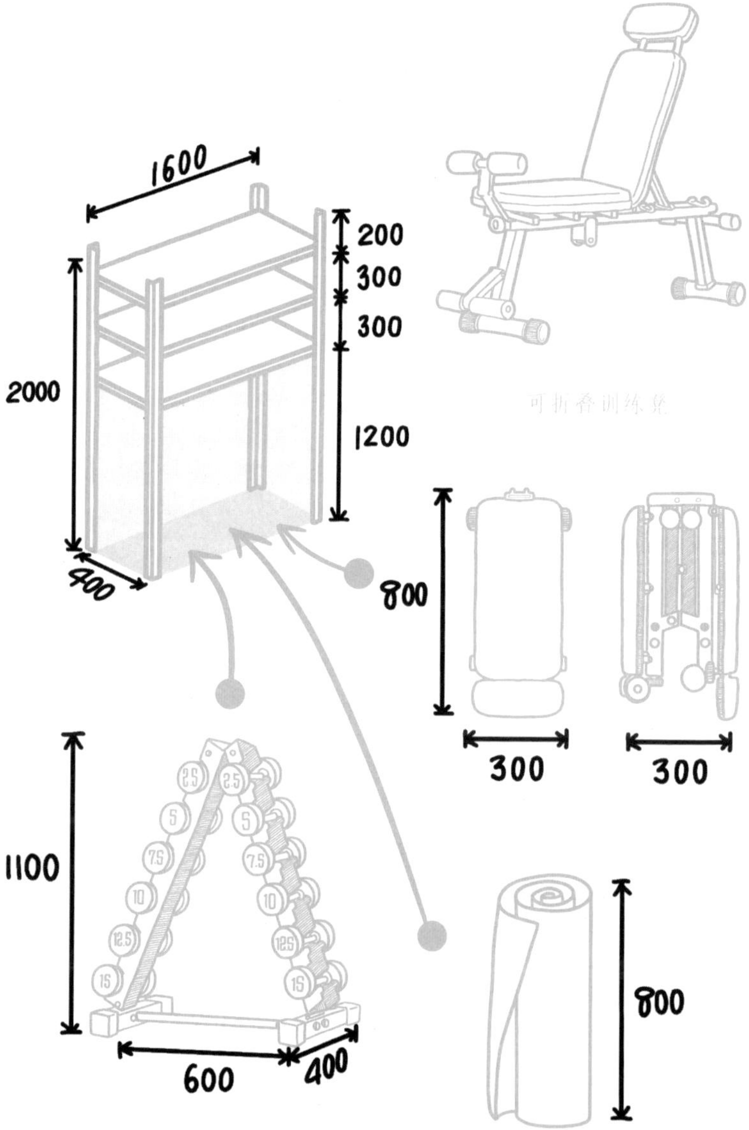
1600
200
300
300
2000
1200
400
800
300
300
1100
600
400
800

可折叠训练凳

6对哑铃架

◆ 运动区

镜子

可在运动区放上瑜伽垫。瑜伽垫既可以起到防止磕碰的作用，也具有一定的减震效果。

可在2800mm长的墙上安装一面大小与墙面相同的镜子，便于在健身或跳操时及时纠正错误动作。

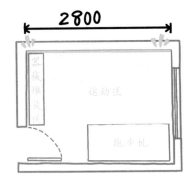

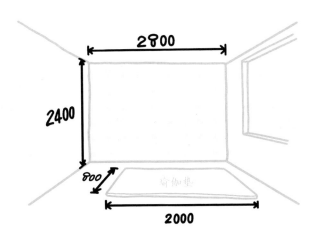

运动区立面图

宋女士

宋女士是一名生活在一线城市的职场高级白领，她对自己身材管理比较严格，是一名精致的瑜伽达人。为了方便练瑜伽，宋女士在家里规划了健身区，让健身生活成为极致享受。

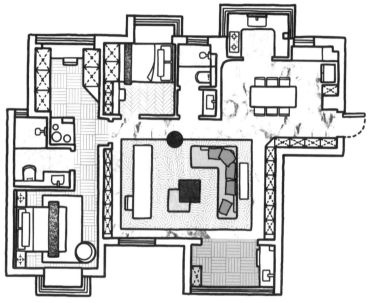

宋女士家的平面图

理想中的家有一间空闲的房间可用于健身，但现实中大多数家庭是没有这样好的条件的。

这时便可以利用其他空间，比如宋女士就利用了她家的阳台。我们一起去看看~

◆ 居家健身生活特享

平面图

　　宋女士家是三室两厅室的户型，包括一个主卧、一个客房和一个书房。宋女士把书房用作办公室，所以热爱健身的她把健身区规划到客厅和阳台，保留阳台的洗衣与晾晒功能，添置收纳柜用于放置健身器械。客厅与阳台的平面图如下。

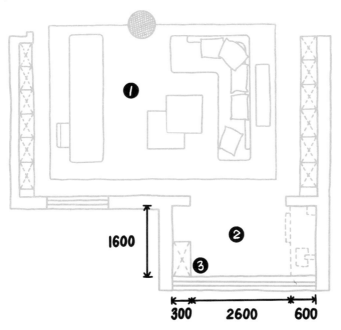

① 这里作为跳绳区，跳绳时刚好可对着电视屏幕或投影幕布，能看着跳绳视频进行练习。

② 这里是低配版的塑形和力量训练区，铺上瑜伽垫就可以开始训练了。

③ 健身用具收纳区。

◆ 健身用具收纳柜

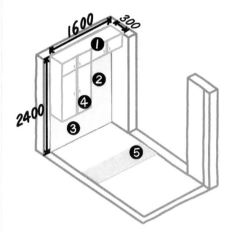

①不常用物品收纳区。

②竖向摆放的镜子。

③横向摆放的镜子。

④小型健身器材收纳区。

⑤瑜伽垫放在此处。对着镜子练习瑜伽，可及时检查动作是否标准。

阳台健身区效果图

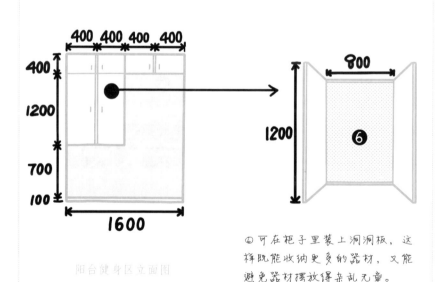

⑥可在柜子里装上洞洞板，这样既能收纳更多的器材，又能避免器材摆放得杂乱无章。

阳台健身区立面图

手工博主的收纳指南

手工制作生活用品或者DIY一些有趣的小物件，是不少人在闲暇时间会做的居家活动。近年来，越来越多的人加入了手工制作行列。手工爱好者、爱教授手工的博主及手工匠人等大都在自己家中打造一个做手工的空间。

格子架！收纳盒！

哇！制作台！

好整齐！

好漂亮！

我们除了惊叹于他们手艺精湛、手工艺品的精美，好奇他们是怎么制作出来的以外，还好奇他们用的是什么工具，工具是怎么收纳的。

下面让我们走进一位手工博主的家，来看看她的手工小屋究竟是什么样的。

出发吧！

手工博主之家

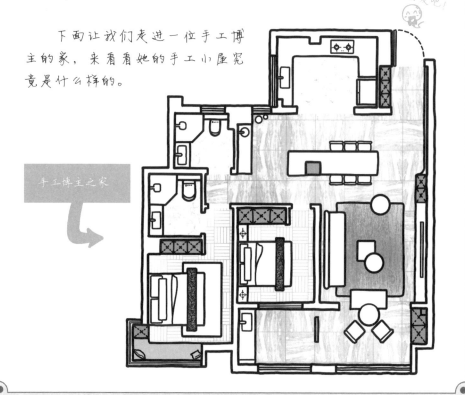

◆ 飘窗手工区

　　这位手工博主将她的手工区设置在了主卧内。主卧是一个带飘窗的、尺寸为3600mm×3000mm的房间，其结构和布局如下图所示。

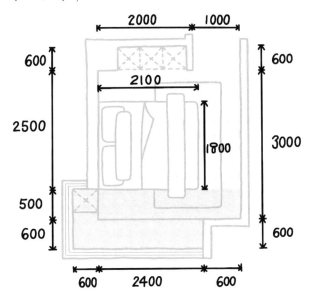

　　这位手工博主将飘窗利用了起来，打造成手工区。这样房间就被清晰地分成休息区和手工区。两区连在一起，但又互不影响。

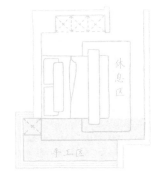

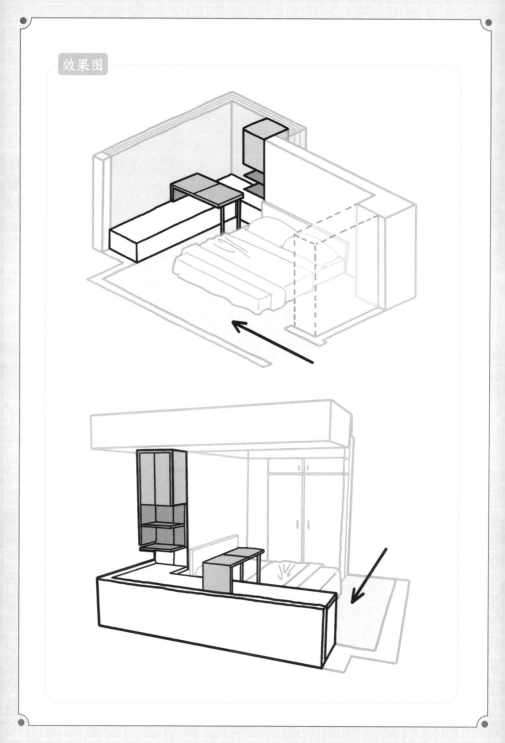

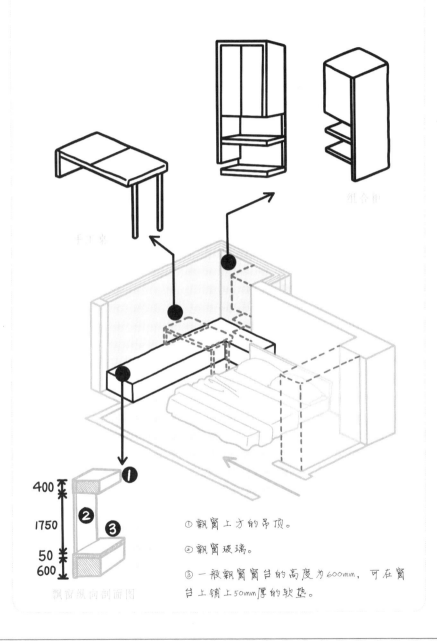

飘窗纵向剖面图

400
1750
50
600

① 飘窗上方的吊顶。

② 飘窗玻璃。

③ 一般飘窗窗台的高度为600mm，可在窗台上铺上50mm厚的软垫。

◆ 手工桌

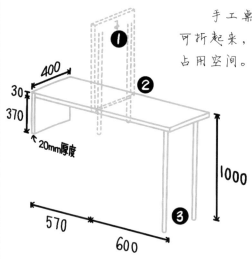

手工桌既可作为工作台，又可折起来，靠在组合柜侧面，不占用空间。

① 插销安装在此处，便于固定。

② 这里装合页，便于将桌面折叠起来。

③ 可折叠金属制桌脚。

④ 手工桌可与组合柜组合起来使用。

⑤ 插销固定，防止桌面掉下来。

◆ 组合柜

组合柜可用于收纳手办、手工艺品及手工工具。

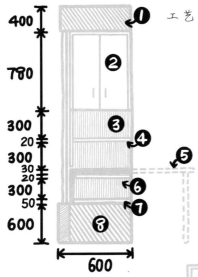

① 原建筑梁。

② 收纳柜。

③ 组合柜背板。

④ 开放隔层板。

⑤ 可折叠手工桌。

⑥ 桌面支撑板。

⑦ 飘窗窗台上的软垫。

⑧ 飘窗窗台。

⑨ 开放格。

⑩ 手工桌下方的支撑板，可作为开放格放置物品。

组合柜的结构有点特殊，有5个设计细节要注意。

① 上层吊柜固定在原
建筑梁上。

② 开放格层板是固定在柜
子的侧板和背板上的。

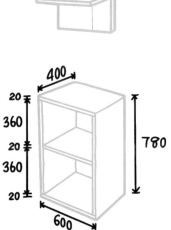

吊柜尺寸与内部结构

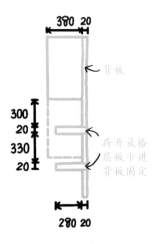

组合柜纵向剖面图

③开放格层板的深度比吊柜的深度浅。

④组合柜侧板与支撑板（层板）分离，将手工做的一端卡入分离处。

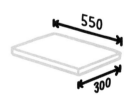

开放格层板尺寸

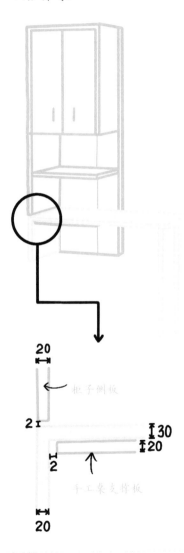

柜子侧板

手工桌支撑板

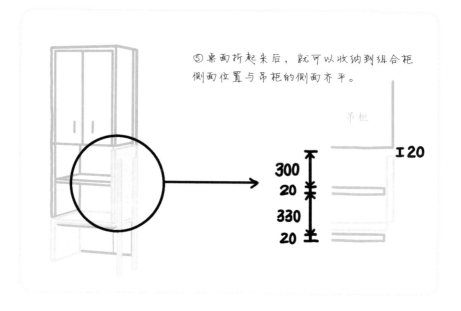

⑤桌面折起来后，就可以收纳到组合柜侧面位置与吊柜的侧面齐平。

吊柜

300
20
330
20

I 20

　　手工博主的手工区就这样融入生活区里了，这样的设计虽然费了点心思，但把容易闲置的飘窗利用了起来，创造了一片新天地。

人可以坐在窗台上做手工

轻装休闲小茶室

坐酌泠泠水，看煎瑟瑟尘。

无由持一碗，寄与爱茶人。

这首由唐代诗人白居易所写的《山泉煎茶有怀》形象地描述了爱茶人烹茶、品茶时的场景。那看似无所事事、静待香茗的状态，其实是难得的气定神闲之境。煎水煮茶的过程用时不长，却能使人心情愉悦，进入心流状态。

能像《林县榭煎茶图》中描述的人物那样，在竹篱围院里烹茶、闻茶香固然是极好的，但是如果条件有限，像白居易那样，"坐酌"与"看煎"也是非常美好的事。

下面就让我们来看看怎么在家里打造轻装小茶室吧！

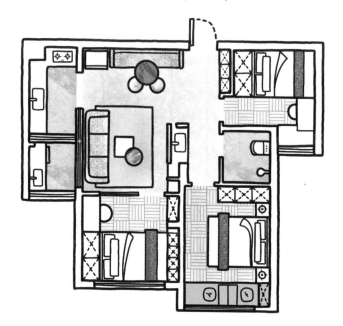

很多家庭的卧室里有飘窗，部分飘窗不能拆，且难以利用。

右图所示的尺寸为2800mm×4000mm的卧室中有一个大小为2800m×700mm的飘窗，如果能好好地利用起来，就多出了约2㎡的有效空间。

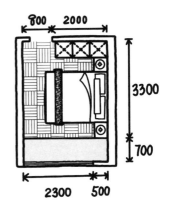

卧室平面图

飘窗的利用

可按前面介绍的那样设计成办公区、阅读区、收纳区、休闲区或手工区等，也可设计成轻装小茶室。

如果设计成轻装小茶室，所需配备的物品并不多，一套茶具、一张小桌子、一两个坐垫及一个收纳柜即可。

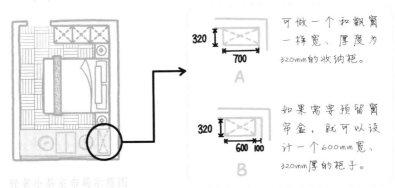

轻装小茶室布局示意图

可做一个和飘窗一样宽、厚度为320mm的收纳柜。

如果需要预留窗帘盒，就可以设计一个600mm宽、320mm厚的柜子。

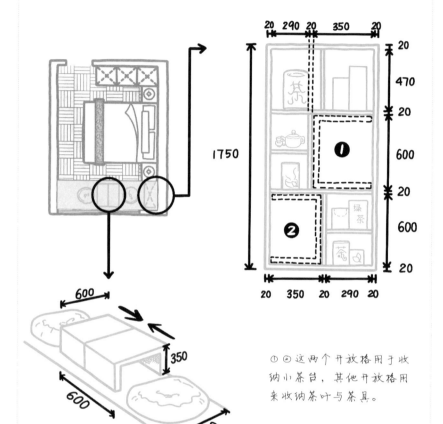

1750

20 290 20 350 20

20

470

20

❶ 600

20

600

20

20 350 20 290 20

①②这两个开放格用于收纳小茶台，其他开放格用来收纳茶叶与茶具。

❷

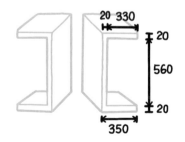

600

350

600

700

放在飘窗上的茶桌是由两个小茶台拼凑起来的，不用时就可以把它们拆开并收进收纳柜里。

20 330

20

560

20

350

第3章

美妙生活场景，客厅、阳台扩容的秘密

住心密码3：合体扩容

一天，3位小伙伴的手机都响了~

原来是有小伙伴希望得到帮助，他们想要获得理想的趣味之家改造方案。以下是这些小伙伴的住宅户型介绍。

上海

新婚夫妻

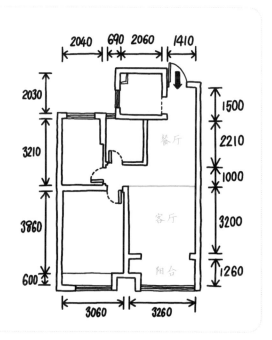

房屋建筑面积：76 m²

客厅使用面积：约 11 m²

阳台使用面积：约 4 m²

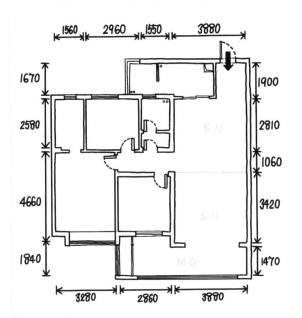

四口之家
苏州

餐厅

客厅

阳台

房屋建筑面积:109 m²

客厅使用面积:约14 m²

阳台使用面积:约9 m²

三口之家
武汉

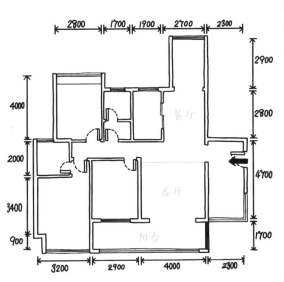

餐厅

客厅

阳台

房屋建筑面积:131 m²

客厅使用面积:约15 m²

阳台使用面积:约10 m²

阳台设计是住宅设计中关键的一部分，但是很多人都忽略了它，没有把它很好地利用起来。

这里展示了3个家庭的客厅和阳台的结构，3个阳台虽大小、形状不一，但结构相似，都有窄墙与客厅相隔。

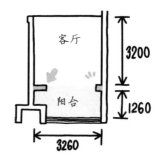

新婚夫妻家的客厅和阳台

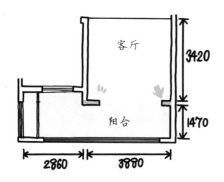

四口之家的客厅和阳台

两个窄墙不仅使视野受到影响，还使面积不大的客厅显得更小了，而且两堵窄墙太过突兀，很不美观。

对于这类阳台，设计师可以从"客厅与阳台一体化"的思路出发，把客厅和阳台合为一体，为小客厅"扩容"，以满足家庭社交需求，保留阳台的晾晒功能，"隐藏式"处理窄墙。

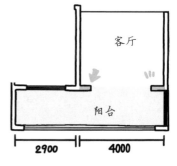

三口之家的客厅和阳台

合体扩容
隐藏术中的"有容乃大"

我们目前居住的家简单舒适，但空间利用不够充分……

求助者：新婚夫妻

住心密码

房主张先生，27岁，职业是金融分析师，兴趣是旅游。他的新婚妻子黎女士，26岁，职业是幼儿园教师，平时喜爱收纳。两个人目前在76 m²的两房里，房子的户型是上海常见的一种高层户型。虽然房子的面积只有76 m²，但两个人住着是特别温馨和舒服的。

张先生和黎女士求助的原因是两人觉得他们家的空间利用不够充分。张先生觉得客厅太小，不够大气。黎女士觉得客厅柜子太少，收纳空间不足，稍微不注意收拾整理，客厅就变得杂乱无章；而阳台空闲空间较大，却不知如何能利用起来。另外，两人想在家里设置家庭影院，希望在家即可追寻星辰大海，感受诗与远方。

了解了户型与需求后。对于问题出在哪里，想必大家已经一清二楚了吧！接下来我们的"魔法"就开始啦~

隐藏术魔法

问题1: 客厅太显小

经分析，问题出在了推拉门上，想要使客厅看起来大一些，得先拆除推拉门。

这样沙发就可以换成2.6m长的了。

问题2: 客厅收纳柜不够

解决这个烦恼的小妙招就是在客厅摆放具有收纳功能的电视柜。

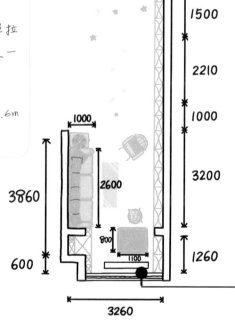

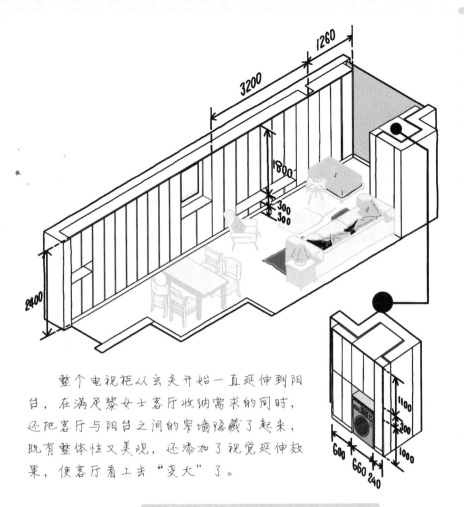

　　整个电视柜从玄关开始一直延伸到阳台，在满足黎女士客厅收纳需求的同时，还把客厅与阳台之间的窄墙隐藏了起来，既有整体性又美观，还添加了视觉延伸效果，使客厅看上去"变大"了。

　　　　将阳台的一部分空间划入客厅，仍保留晾晒空间，同时增加收纳柜，用来放洗涤晾晒用品，并将洗衣机嵌入柜体。

这个空间还是用于晾晒。

　　　　隐藏术把影响整洁度的各种细节藏了起来，使客厅"变大"、阳台得到充分利用。

但还有一个问题需要解决：设置家庭影院。

比起电视机，很多年轻家庭更喜欢使用投影幕布。大屏幕能让人在家里就享受到电影院级别的视觉盛宴。

如何设置家庭影院

这里包括3方面的内容。

① 幕布
② 投影仪
③ 音响

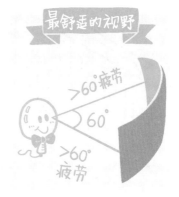

最舒适的视野

>60°疲劳

60°

>60° 疲劳

1 幕布

幕布有80英寸的、100英寸的等，是尺寸越大越好吗？

肯定不是的。

从视觉舒适度来考虑，当人的头部保持固定不动，双眼向前看时，正前方60°视野是最舒适的。60°以外看久了就会疲劳，甚至会伤害眼睛。

此外，选择幕布尺寸时还要考虑另一因素，那就是视距。

在保持视野60°不变的前提下，视距越大，幕布尺寸就越大。

- 80 英寸（16:9）：1711mm × 996mm
- 100 英寸（16:9）：2214mm × 1245mm
- 120 英寸（16:9）：2657mm × 1494mm
- 150 英寸（16:9）：3321mm × 1868mm
- 170 英寸（16:9）：3764mm × 2117mm

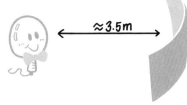

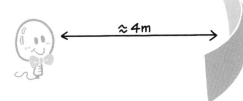

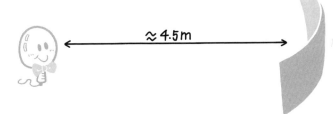

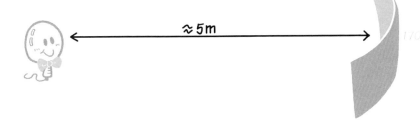

张先生家的客厅宽为3260mm。如果减去电视柜的宽度，则视距约为3米。所以，张先生家选择80英寸的幕布较为合适。

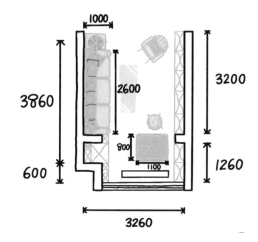

这种款式的电视柜刚好搭配幕布使用，幕布是垂在开放格中，不使用时可以收起来，不影响开放格的使用。

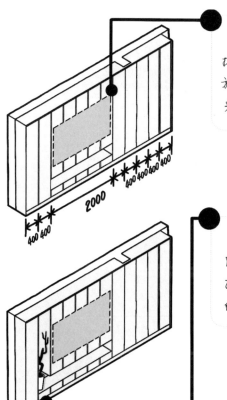

可以在电视柜上做出不同的改变，如把这个柜门去掉，形成开放格，摆上合适的装饰。

确定了幕布的悬垂位置后，就可以安装幕布了。为了不影响柜子的使用，这里选择电动隐藏式天花幕布。

电动幕布盒可以安装在吊顶里。那轨道凹槽需要预留多大呢？一般可以根据产品厂家提供的参考尺寸预留凹槽。下面是凹槽的设计示意图。

现在市面上的幕布品牌款式多种多样，小伙伴们在购买前要做好比较，找到最适合自己家的。

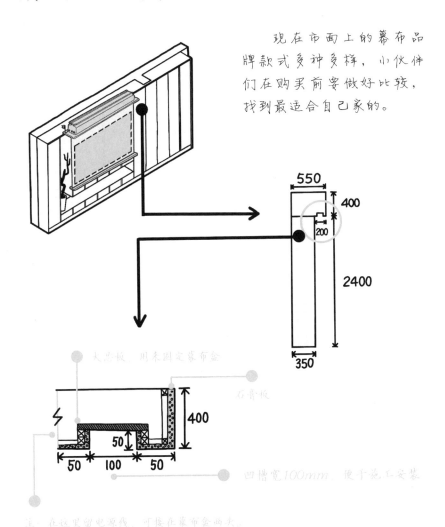

大芯板，用来固定幕布盒

石膏板

凹槽宽100mm，便于施工安装

注：在这里留电源线，可接在幕布盒电源。

550

400

200

2400

350

400

50

50 100 50

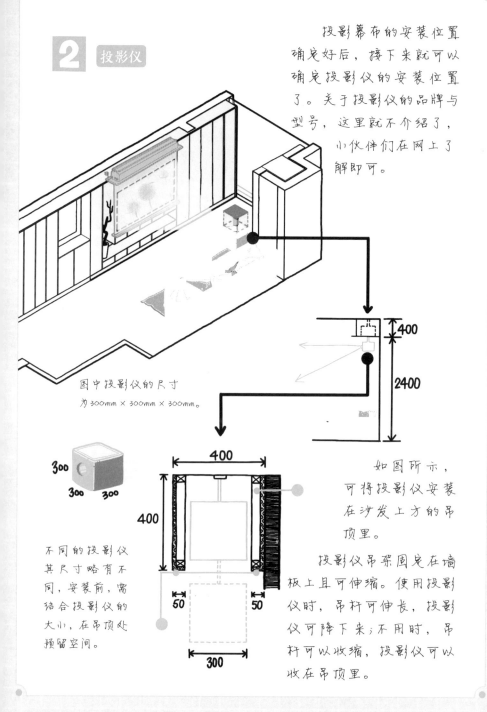

2 投影仪

投影幕布的安装位置确定好后，接下来就可以确定投影仪的安装位置了。关于投影仪的品牌与型号，这里就不介绍了，小伙伴们在网上了解即可。

图中投影仪的尺寸为300mm×300mm×300mm。

400

2400

300
300 300

不同的投影仪其尺寸略有不同，安装前，需结合投影仪的大小，在吊顶处预留空间。

400

400

50 50

300

如图所示，可将投影仪安装在沙发上方的吊顶里。

投影仪吊架固定在墙板上且可伸缩。使用投影仪时，吊杆可伸长，投影仪可降下来；不用时，吊杆可以收缩，投影仪可以收在吊顶里。

3 音箱

为了获得好的音响效果，使用音箱是最适合的。

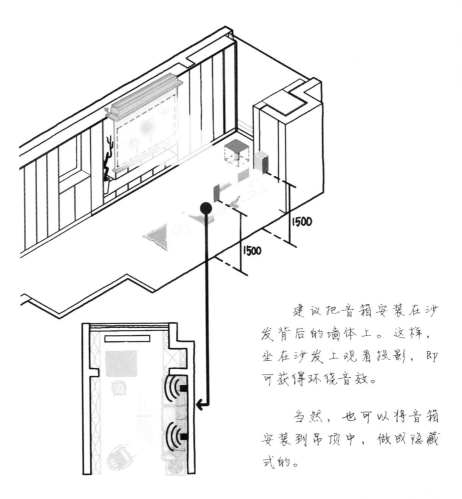

1500

1500

建议把音箱安装在沙发背后的墙体上。这样，坐在沙发上观看投影，即可获得环绕音效。

当然，也可以将音箱安装到吊顶中，做成隐藏式的。

至此，家庭影院设置完毕！就等星辰大海啦！

◆ 迷人的隐藏术——藏不住就"化个妆"

所有设计图都发送给张先生夫妇后，设计师收到了他们的回信。

因为张先生家的客厅与阳台之间的窄墙宽度不超过350mm，所以隐藏效果非常好。但是，有些窄墙宽度超过350mm，如果也利用电视柜来隐藏，电视柜看起来会非常笨重，并且客厅的视距也会变小。

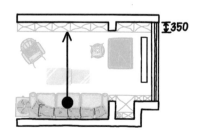

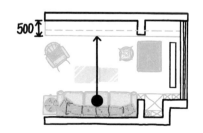

另外，还有一个问题是常见的：如果阳台与阳台之间有梁，人站在客厅向阳台看去，梁是裸露在外的。

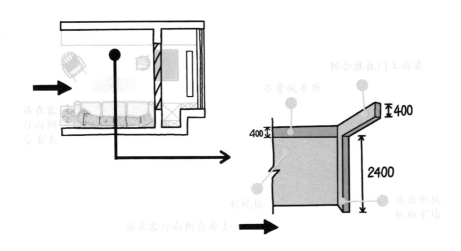

两个问题，咱们一个一个来解决。

问题1：墙的宽度超出了电视柜的厚度

解决方法

缩短电视柜的宽度，电视柜与墙之间间隔400mm，让它们保持独立。

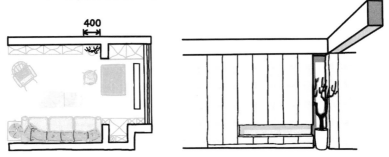

问题2：修饰外露的梁

解决方法 在梁的边缘设计吊顶灯槽。

怎么做呢？ 先看看常见的客厅吊顶灯槽的结构。

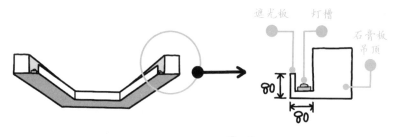

遮光板　灯槽

石膏板
吊顶

80

80

参照常见
客厅吊顶灯槽
的结构，对梁
进行修饰。

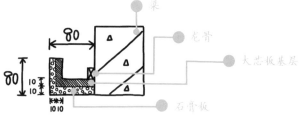

梁

龙骨

大芯板基层

石膏板

80　80　10 10　10 10

经过修饰，梁看起来成了吊顶的一部分。安装灯槽就像给梁化了个妆，人站在下面往上看，灯槽就像一排长长的睫毛！

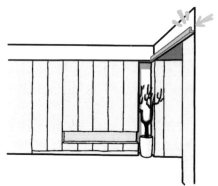

既然不能完美隐藏，那就不强求，稍做修饰，化腐朽为神奇，同样美丽。这也是隐藏术的另一个迷人之处。

其实，还有一处也可以运用隐藏术，那就是阳台晾衣区域。虽说晾衣杆本就可升降，不用时可升上去，且有梁遮挡，不易被发现，但终究不够美观。

可将吊顶向阳台方向延伸，并在安装晾衣杆的区域设计凹槽，用于隐藏晾衣架。

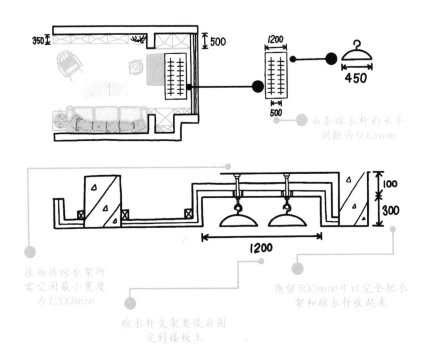

两条晾衣杆的水平间距为500mm

挂曲排晾衣架所需空间最小宽度为1200mm

晾衣杆支架要提前固定到楼板上

预留300mm可以完全把衣架和晾衣杆收起来

这样，当晾衣杆完全升起来后，晾衣架刚好被"隐藏"了起来，人站在客厅就看不到晾衣架了。

设计师将所有设计图都发给了张先生夫妇，他们在此基础上稍做调整，最终设计出了只属于他们的甜蜜幸福之家。

空间魔法的秘密：不被定义的厅堂

想让家有良好的学习氛围……

求助者：四口之家

住心密码

独享需求

康养需求

幸福需求

生活需求

成长需求

马先生35岁，职业是合资企业高层管理人员，兴趣是读书。其妻子31岁，职业是大学讲师，兴趣是写作和自媒体创作。他们育有一双儿女，6岁的儿子懂事听话，3岁的女儿活泼可爱。

把住家空间利用好，在家庭社交生活中建设良好家风、立好规矩，营造书香家庭环境，引导孩子在知识的海洋中遨游，使其成为对社会有用的人，是马先生夫妻俩一直以来想要实现的家庭生活目标。

能看出，相较于前面张先生需要二人世界的甜蜜幸福，马先生一家更需要良好的学习氛围。马先生想将女儿出生之前改掉的书房给重新"找回来"，并且希望书房的空间比之前的更大。

马先生还希望家中有独立办公的地方，即便是一隅之地。成为自由职业者，是夫妻二人一直以来的职业愿景。

与马先生家沟通后，不难发现他们有以下4点需求。

1.让客厅看起来更宽敞。

2.增加阳台收纳空间。

3.营造学习氛围。

4.拥有独立办公区。

仔细观察马先生家的户型后发现，与客厅相邻的阳台比较长，但由于洗涤和晾晒的位置都在靠近客厅这一边，所以导致客厅看起来比较拥挤，而阳台的很大部分空间没有利用起来，这种低空间利用率的设计在室内空间设计中是很不受欢迎的。

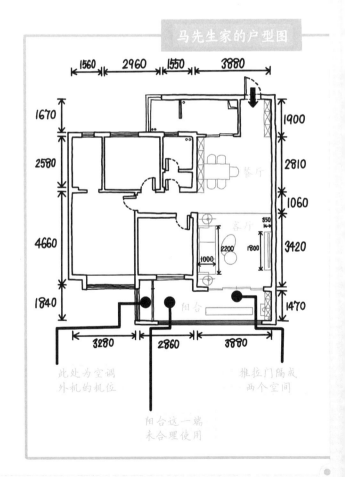

马先生家的户型图

此处为空调外机的机位

阳台这一端未合理使用

推拉门隔成两个空间

下面就用"魔法"来改造一下空间吧～

空置区　阳台

这样的设计不太好……

空间术魔法

◆ 需求1: 让客厅看起来更宽敞

与张先生家一样，家装客厅推拉门使原本不大的客厅显得更小了。想给客厅扩容可以运用合体扩容法，将阳台与客厅进行整合。

不过，这里不需要将阳台全部整合进来。只需要把阳台靠近卧室的部分作为生活阳台，把剩余部分纳入客厅，这样就可以达到扩容的目的。

扩容后，客厅面积从原来的14 m² 变成了30 m²；沙发也可换成2.8米长的大沙发了。

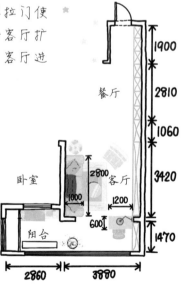

餐厅

卧室　客厅

阳台

1900

2810

1060

3420

1470

2800

1000

1200

600

2860　3880

◆ 需求2: 增加阳台收纳空间

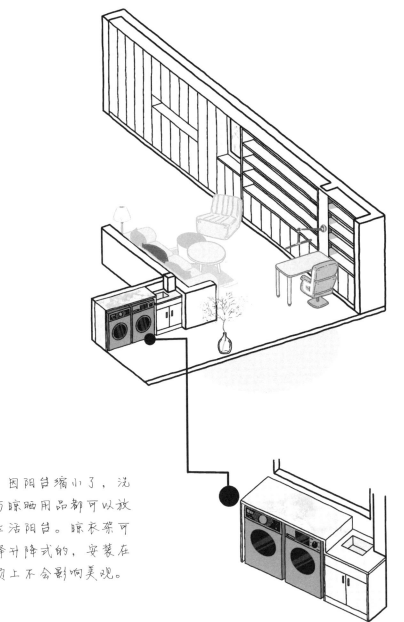

因阳台缩小了，洗衣与晾晒用品都可以放到生活阳台。晾衣架可选择升降式的，安装在吊顶上不会影响美观。

◆ 需求3：营造学习氛围

现代家庭非常重视孩子的教育。好的教育离不开好的阅读习惯，好的阅读习惯需要在好的学习氛围中培养。良好的学习氛围应在家里，并由父母带头营造。

现在，许多家庭为了让孩子专注于学习，撤掉电视机，设置书房；父母从自身做起，捧起书本，带头学习。

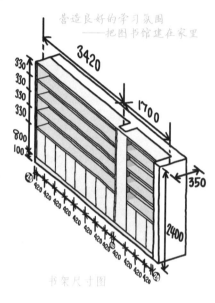

营造良好的学习氛围
——把图书馆建在家里

书架尺寸图

马先生夫妇也想这样做，但因为受限于空间面积等因素，从原来的三室中选一室改为书房或将三室改成四室都不是理想的方案。

既然撤掉了客厅里的电视机，那么可以在客厅设置阅读区，做一整面墙书架。

在客厅设置阅读区的好处有三点。

1.无须额外添置座椅，客厅里本就有沙发，能坐得下全家人，大家可以一起坐下来阅读。

2.整面书架墙足够放得下全家人的书，书籍可分类摆放，便于查找。

3.客厅本就是家庭互动高频区，如果全家人都在客厅进行阅读学习，那么家人之间的感情交流会进一步加强。

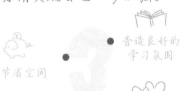

节省空间

营造良好的学习氛围

增进交流

等一下！这个书架那么长，中间没有竖板支撑，放满书后，书架真的不会倾倒吗？

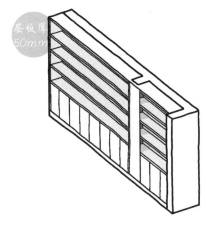

层板厚50mm

大可不必担心，我们做了承重力学实验

在遵循承重力学原理的前提下，减少竖板可以最大限度增加书架墙的美观度。

实验说明

书架墙也可叫开放式书柜，这里的书架中间没有竖板，且长度较长，为了保证安全性，我们特意做了实验，分别对20mm和50~60mm厚的书架层板进行了测试。

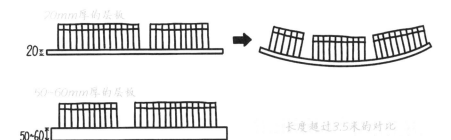

20mm厚的层板

20工

50~60mm厚的层板

50~60工

长度超过3.5米的对比

结果显而易见，摆放同样数量的书后，20mm厚的层板（实木板）很容易被压弯，而50~60mm厚的层板（实木板）有更强的荷载力，没有发生变形。所以，这里建议使用50~60mm厚的层板。

书架底部有踢脚板，打扫卫生时就省心多啦！真贴心~

那可不嘛！踢脚板宽100mm，不宽不窄，刚刚好。

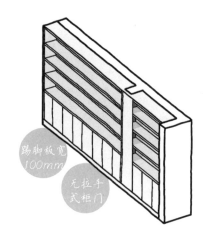

踢脚板宽100mm

无拉手式柜门

咦？奇怪了！这柜子的柜门怎么没有拉手？这怎么打开呢？

嘻嘻！这可是特殊设计哦，为了防止磕磕碰碰，这里故意将柜门做成了无拉手式的。

而且，除了书，客厅的杂物也可以收纳到这里面，有利于客厅保持整洁。

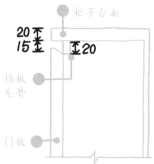

柜子台面

20
15   20

挡板龙骨

门板

无拉手式书柜纵剖面示意图

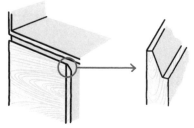

无拉手式柜门示意图

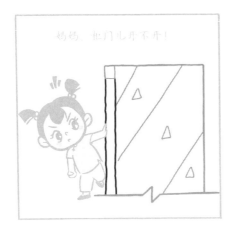

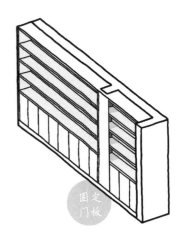

墙垛处没有开放格和柜子，只有一块不可打开的固定门板。

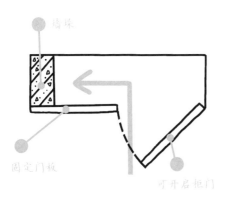

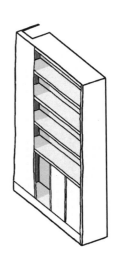

书柜的高度为2.4米，以身高为1.7米的成年人为例，其视平线所在的高度约为1.6米。

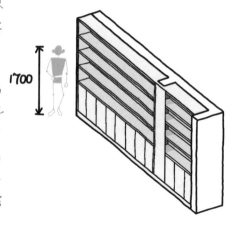

1.6米刚好是书柜第3层（由上往下数），我们可以把书集中摆放在第2、3、4层开放格中，便于拿取。而第1层层板由于高度在2米左右，不便于拿取，因此可以用来摆放装饰摆件。

只有爸爸才能够得到顶层开放格！

哈！你长大了就可以啦！

除了用装饰摆件来提升设计感，为了能够营造氛围，我们还可以利用灯光。可以在每一层开放隔里都装上LED灯。

市面上的LED灯款式有很多，有能调不同色温的，有可感应的，还有可无线遥控的等，安装方式有明装、暗装等。当然，款式不同，价格会有差别，安装方式也有所不同。这里介绍两个展示柜灯光设计要点。

灯光设计要点一：灯具的安装位置要合理，以提亮需要展示的物件为主要目的。

灯光设计要点二：防止灯光直接射入人眼。

两个要点，咱们一个一个来介绍。

首先来看要点一：灯具的安装位置要合理。

在下图中，人的视线是从左向右延伸的。如图A所示，当灯分布在书的后下方时，光被书挡住，这样不仅无法达到提亮书的效果，还不便于日常打理，所以这个安装方案是不合适的。

在图B中，灯是分布在书的前下方，虽然光不会被遮挡，但不方便取放书，有碍书柜的正常使用，所以这个安装方案也不可取。

在图C中，灯是分布在书的后上方。这样虽然保证了书柜的正常使用，也方便打理，但光被书遮挡，依旧无法达到提亮的效果。

在图D中，灯布在书的前上方，既实现了提亮书的目的，又不影响书柜的正常使用与日常打理。

经过比较，这里决定采用图D所示的方案。

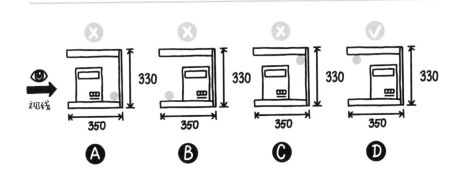

书柜LED灯安装位置示意图   ● 代表灯

再来看要点二：防止灯光直接射入人眼。

根据前面的分析，这里采用图D的方案，要是灯珠与人眼之间没有任何遮挡，不同身高的家庭成员站到书柜前并看向书柜，他们的眼睛都有可能被灯光直射。如果光线较强，眼睛会受到一定的刺激，这不符合设计要点，需要进行调整。

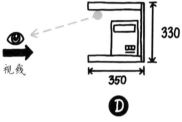

D

我们快速梳理一下：防止灯光直接射入人眼，需要遮挡光线；而提亮书则需要灯光照射到书。

怎么做才既能提亮书，又能防止灯光直接射入人眼呢？

直接一点的设计思路就是在灯前加装挡板，如下图所示。这样就可以做到提亮书的同时又能防止灯光直接射入人眼了。

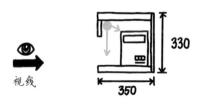

我们也可以做进一步的设计。如下图所示，在每层开放格的顶部层板基面上开出一个20mm×20mm的灯槽，用来安装LED灯具。

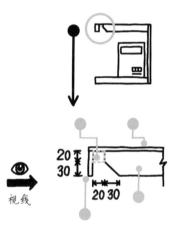

需注意的是，这里不建议将灯安装在侧面挡板上，否则光会受到阻挡，所以建议把灯安装在灯槽的顶面，且在层板上做出45°的倾斜面，以便让光更好地打在书上。

Tips

可能会有小伙伴觉得这个厚度为350mm的书柜看起来非常厚重。对此，这里给出的建议就是可以把开放格层板的宽度设计为300mm，这样书柜就显得比较轻盈了。

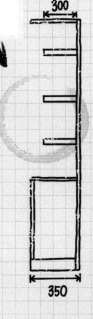

书柜取剖面

◆ 需求4：拥有独立办公区

马先生夫妻二人都有居家办公的需求，那就可以把阳台划入客厅的部分区域利用起来，使之变成一个居家办公小天地。

居家办公区需配备3件主要的物品：办公桌、办公椅和灯，下面按惯例一个一个来说。

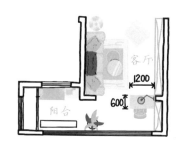

1 办公桌

办公桌是居家办公必备品之一。这里的办公桌既可按提供的尺寸在市面上选择合适的，也可以按照下面的做法定制能与书柜形成一体的，使客厅设计更有整体性、统一性。

从右边的书柜尺寸图中可以看到，书柜下部矮柜的高度为950mm。而办公桌的高度一般为750~800mm。如果办公桌挨着书柜摆放，那么挨着办公桌的矮柜的柜门就打不开。

所以，这里将挨着办公桌矮柜的高度调整为800mm，以适应办公桌的高度（这里办公桌桌面的厚度为20mm）。

另外，为了增强办公桌的实用性，还在办公桌与书柜的连接处加装了铝合金型材轨道。

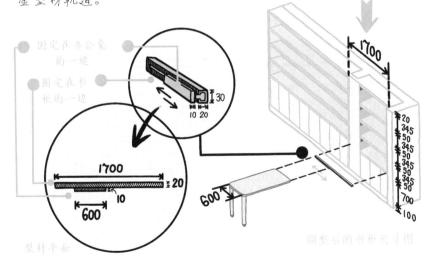

调整前的书柜尺寸图

固定在办公桌的一边

固定在书柜的一边

型材平面

调整后的书柜尺寸图

轨道的固定部分安装在书柜上，能来回滑动的部分固定在办公桌上。另外，桌脚上要安装滑轮，这样办公桌就可以沿着轨道滑动了。

安装轨道时要注意以下两点。

1.固定在书柜上的型材轨道，其长度要与办公桌的可移动距离保持一致。

这里办公桌的可移动距离为1700mm，所以固定在书柜上的轨道长度也为1700mm。

2.固定在办公桌上的轨道滑动部分长度与办公桌桌面的宽度一致。

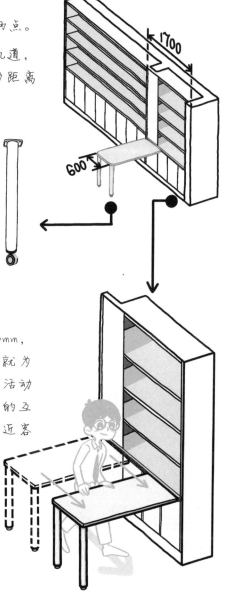

这里办公桌的宽度为600mm，所以轨道滑动部分的长度就为600mm。这样，办公桌就变成活动式的了。如果想加强与家人的互动，就可以把办公桌推到靠近客厅的一边，面向客厅就座。还可以把办公桌推到靠阳台的一边，面向阳台就座，这样就可以边工作边欣赏阳台外的美丽风景了。

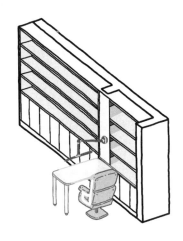

2 办公椅

办公椅就购买自己喜爱的，最好是舒适的、有护腰功能的。

3 灯

为了避免背光而导致光线不足，可以把灯安排上。灯的款式根据个人喜好来选择，可选择安放在桌子上的台式灯，也可使用壁灯。

安放在桌子上的台式灯，只要是使用方便、稳固且便于随着办公桌移动的即可。壁灯可安装在办公桌旁边的墙壁上，这里的墙壁被固定板包了起来，所以壁灯可以安装在固定板上。另外，其他办公用品可以放在旁边书柜的开放格里，方便取用。

◆ 对生活的热爱尽在家庭每个角落

因马先生家里的家庭成员较多，每天要洗的衣服不少，所以可在生活阳台做一个大台面，把洗手盆和洗衣机都安排上，这样大件衣物和手洗衣物可分开同时清洗，节约时间。

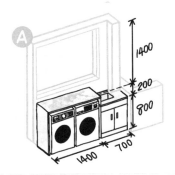

阳台上还可以摆放一些绿植，既能给居家生活增添生机，又可以适当遮挡晾晒衣物带来的不美观。

空间整合的秘密：不着痕迹的体贴

来了一位新的家庭成员……

求助者：三口之家

住心密码

独享
需求

康养
需求

幸福
需求

生活
需求

成长
需求

　　宋女士一家住在"江城"武汉。武汉是中国中部地区中心城市，中部六省中唯一的副省级城市，素有"九省通衢"之称。

　　这里属亚热带季风性湿润气候区，具有雨量充沛、日照充足、四季分明、夏季高温、降水集中、冬季温和湿润等特点。

　　宋女士的家是一套建筑面积为131 m²的洋房。

　　宋女士今年41岁，是一名自由职业者，她持家有道，把家务整理得井井有条。她喜爱小动物，最近领养了一只小狗。

宋女士的丈夫今年42岁，民营企业副总经理，平时工作较忙，时常出差，回到家后就想好好休息，享受慢生活。

宋女士的女儿是一名寄宿在学校的高中生，只有周末和寒暑假期间在家居住。

宋女士一家三口都非常珍惜在家里的时间，他们都希望在宝贵的时间里给予彼此高质量的陪伴。因此，把居住空间布置得合理温馨、更方便生活，是宋女士一直以来的愿望。

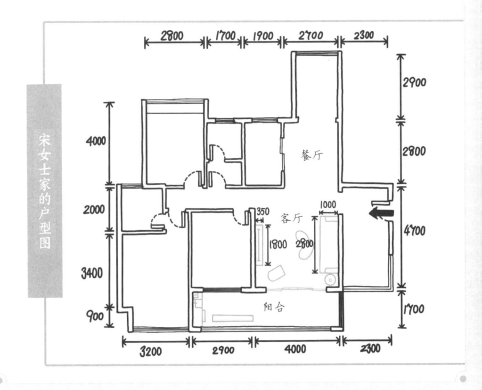

宋女士家的户型图

宋女士的丈夫觉得房子的空间设计整体来说比较好，就是客厅看起来太小气了，沙发太少，亲朋好友来了以后没有足够的位置坐。

1

2

　　宋女士的丈夫提到客厅存在问题，那就集中看看客厅部分。

　　宋女士家的阳台较大，阳台与客厅之间有墙垛，阳台靠近房间的一端有实体墙和下水管道，而靠近客厅的这一端是没有墙体的。所以，洗衣机摆放在有实体墙的一端更合适，但这样一来，阳台靠近客厅一侧的区域完全没有被利用起来。

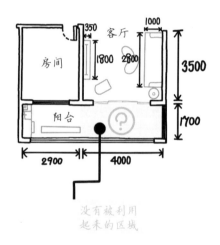

3

4

为了扩大客厅容量，首先得把客厅与阳台之间的推拉门拆掉。

接着，要把与客厅相邻的阳台区域与客厅整合在一起，这样客厅就变大了许多。

然后通过拼接L形定制卡座将沙发加长，使其从客厅延伸到阳台，这样客厅就有足够多的座位供较多的客人就座。

考虑到大柜子虽然收纳容量大、实用，但会占较多空间，甚至遮挡光线，所以可将家里的部分收纳任务交给定制沙发。可以定制底部带有收纳箱的沙发，既能用来坐，又能用来收纳家里不常用的大件物品。

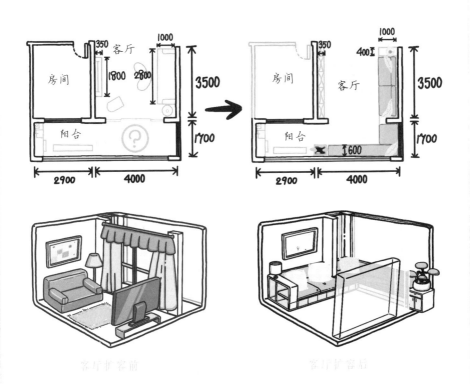

客厅扩容前　　　　　　客厅扩容后

扩客后，原客厅区域主要作为平时看电视、会客的地方，新增区域主要作为休闲区，可以在这里喝下午茶，做互动游戏等，当然也可以在这里躺下来休息。另外，摆放一些绿植能为家增添生机。

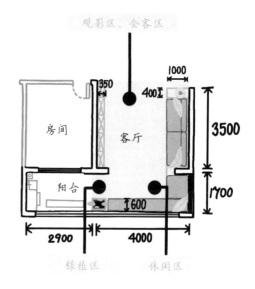

好棒啊~

1

哈哈！
那可不嘛！

2

沙发的设计看看不错，但是定制起来会比较难吧？

大可放心！

3

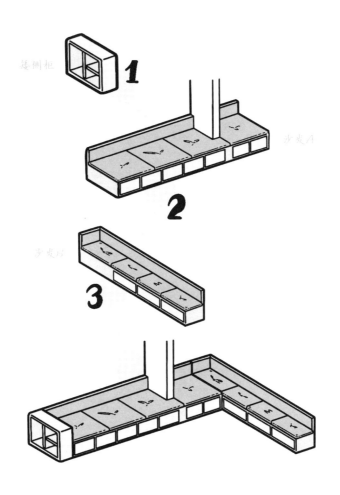

矮侧柜

1

沙发A

2

沙发B

3

　　这个沙发的结构看似复杂，但再复杂的物品也都是由简单的元素组合而成的。仔细观察后会发现，这个沙发其实是由3个部分组成的：一个矮侧柜和两张一字形沙发。

1 矮侧柜

矮侧柜应朝过道摆放，可以做成开放式的，形式如下图所示。

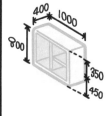
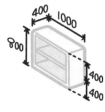

2 沙发A

这个沙发分为两部分。面向沙发，位于墙垛左侧的部分长3000mm，底部带有5个抽屉，每个抽屉长600mm；位于墙垛右侧的部分长1100mm，底部带有两个抽屉，各长550mm，墙垛的厚度为100mm。

绿植观景区

盆栽可放在收纳柜上。收纳柜的尺寸最好与矮侧柜、沙发相搭配。

这个方案的设计思路可应用于不同的场景中。

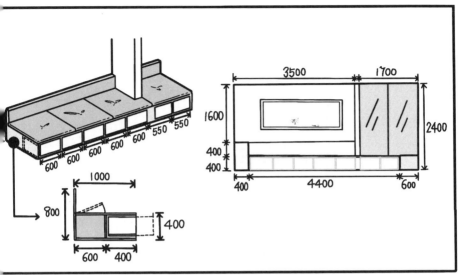

若觉得1000mm宽的沙发坐着不太舒服，可以买个300mm厚的靠背放在沙发上。

3 沙发B

这个沙发背靠玻璃窗拐角的部分长1000mm，坐垫可上掀，剩余的部分长2400mm，底部带有3个抽屉，每个抽屉长800m。

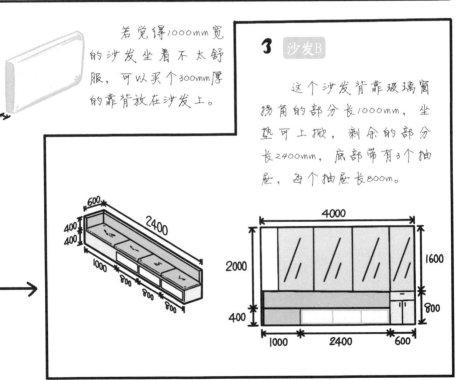

1　2

其实，阳台上的洗涤用品时常放在地上，妈妈使用时总得屈膝弯腰，太不方便了。所以，我希望阳台上有个吊柜，更便于取放洗涤用品。

那先看看生活阳台的平面图。生活阳台的面积约有 5 m²，虽然可放置收纳柜的地方不少，但能设置吊柜的地方就只有洗衣柜背后的墙壁上。

3　4

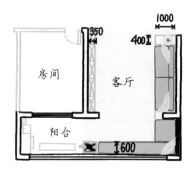

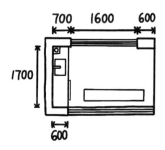

◆ 生活阳台新设计方案

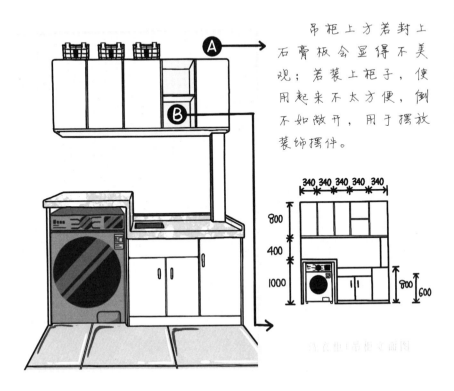

吊柜上方若封上石膏板会显得不美观；若装上柜子，使用起来不太方便，倒不如敞开，用于摆放装饰摆件。

洗衣柜+吊柜立面图

开放格内摆放日常使用的洗涤用品，柜内收纳囤积的或不常用的物品。

洗衣柜的石质台面厚30mm，抗压性强，更耐用。

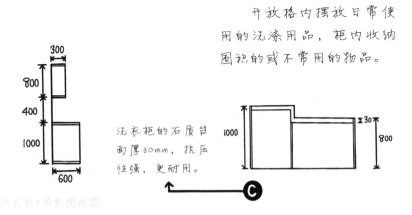

洗衣柜+吊柜侧面图

因为孩子长大了，在家时间少，妻子经常一个人在家，家里怪安静的。所以我们决定领养一条小狗，让它来陪伴妻子。

没有想到这么一个小家伙，吃的、用的东西一大堆。东西太多，找不到地方集中收纳，东堆堆西放放，想找也找不着。

◆ 特殊的"家人",爱宠也要有幸福的小天地

不仅宋女士一家,生活中很多人都喜欢养宠物,饲养宠物有很多窍门,宠物用品除了前面图片中展示的,还有很多其他的。

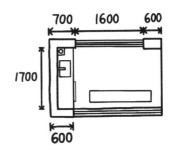

如果宠物饲养者住的是面积不大的楼房,而在养宠物前没有考虑周全,那么一旦饲养宠物之后,很容易遇到房间杂乱的问题。正如宋女士的先生所说的一样,想找东西找不到,想放也没地方放。

如果宠物用品很多,建议集中收纳。对于住楼房的家庭来说,饲养宠物的最好位置是阳台。宋女士家是适合养宠物的,所以这里将前面的设计进行了调整,把饲养宠物的功能添加进去。

如果不养宠物,就可以直接使用前面介绍的升级方案。

观察宋女士家的生活阳台会发现,洗衣晾晒功能已占用了不少空间,剩余空间似乎不够用来饲养宠物和收纳宠物用品了,这可怎么办呢?

问题 我们真的需要很大的空间来饲养宠物吗?

先来看看宋女士家的宠物用品都有哪些？哪些可以放进柜子里？哪些需要经常使用？

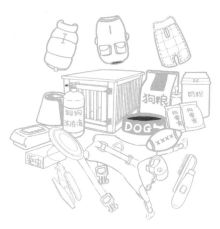

宋女士家宠物狗的用品如下：狗笼、狗粮、饭碗、沐浴液、梳子、指甲剪、磨牙棒、剃毛器、胸背、牵引绳、药物、零食、玩具、羊奶粉、奶瓶、保护套、宠物湿纸巾、各种可爱的衣服和饰品等。

经过分析不难发现，饭碗与狗笼是每天都要使用的，不能收起来。除了饭碗和狗笼，其他物品都是可以用柜子收纳起来的。

外面

柜子里

得出结论，我们只需要做到以下两点。

1.找个位置摆放日常使用物品。

2.用柜子收纳不经常使用的物品。

◆ 如何在阳台摆放狗笼

1.根据下水口的位置就近摆放洗衣机

因生活阳台的首要功能是洗
衣与晾晒，所以需优先考虑洗衣
机的摆放。为了使排水顺畅，洗
衣机和洗手盆靠近下水口（下水
口的位置如右图所示）摆放，狗
笼则要靠近阳台玻璃窗摆放。

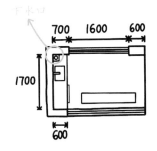

2.注意狗笼的尺寸

因宋女士家小狗的体型不大，所
以狗笼无须很大，若能放入洗衣柜的
开放格里，不额外占用阳台空间更好。

这里提供的狗笼尺寸可作为
参考。

3.最合适的布局

最合适的布局如下。

狗笼　洗衣机　洗手盆

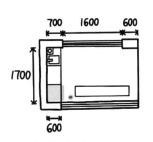

4.设计收纳柜收纳宠物用品

确定了狗笼、洗衣机、洗手盆的摆放位置后，用于收纳宠物用品的柜子就比较容易安排了。如狗笼上方、洗手盆下方都可以设计合适的收纳柜。

◆ 调整后的生活阳台布局方案

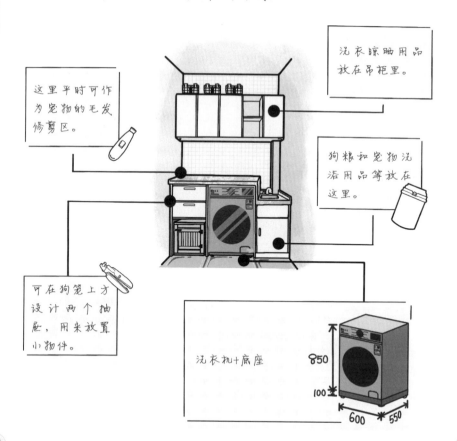

这里平时可作为宠物的毛发修剪区。

洗衣晾晒用品放在吊柜里。

狗粮和宠物洗浴用品等放在这里。

可在狗笼上方设计两个抽屉，用来放置小物件。

洗衣机+底座

850

100

600   550

◆ 生活阳台改造方案相关尺寸图

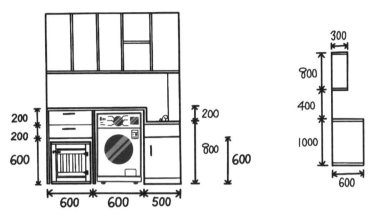

阳台柜里面图

阳台柜侧面图

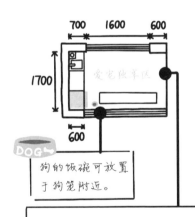

狗的饭碗可放置于狗笼附近。

可在此处安装推拉门。当家里来了客人时，将门关上，宠物就在生活阳台独自玩耍，不会对客人产生影响。

宋女士一家三口都默默地用自己的方式相互关怀。空间整合让家庭中看不见的体贴显现出来，成功表达了家庭成员的心意。

动线这样设计，让生活更加便捷，让人与人有更多的交流。

为什么把动线设计得这么长？凳子怎么放在这个地方？害我摔了一跤……

1

2

3

4

什么是动线

动线是室内设计用语之一，是指人在室内空间中的主要活动路线。合理动线的标准是"短且便捷"。

动线的走向一般是由房屋的户型设计和家居布局决定的，会因空间规划的变化而变化。

当房屋的内部结构和布局发生改变，人的活动路线就会发生改变。动线变长或让居家生活变得不便捷，人的体验感就会变差，心情也会受到影响。负面情绪在不良体验中不断累积，就违背了设计的初衷。

例如，从卧室到卫生间还得穿过客厅或餐厅，人就会觉得非常麻烦，体验感也会变差。那么怎么改造才能使动线满足短且便捷的标准呢？

我们都知道：两点之间直线最短。把卧室和卫生间分别看成一个点，然后将两个点连接起来看看。

一般情况下，房门与卫生间门是错开的，但我们仍能看出新动线既短又便捷，与原动线比起来，新动线更畅通，人的体验感得到了提升。

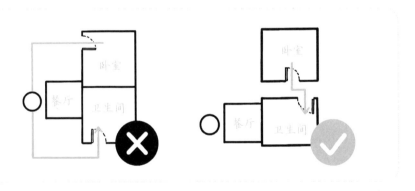

所以，合理的设计动线是室内设计师的基本功。

听明白了吗？

听是听明白了，
但实际操作起来还是不容易，
有什么小技巧吗？

◆ 动线设计案例

这里结合案例介绍3种常见的动线设计形式：一是T形动线，二是X形动线，三是O形动线。

◆ T形动线

右图是新婚夫妻张先生和黎女士家的平面图，有一条主过道从家门延伸到客厅，如果这条主过道作为主动线，那通往厨房和卧室的路线则为次动线。

次动线将人引导到各个功能区，起到了分流作用，可缓解主动线上的拥堵。

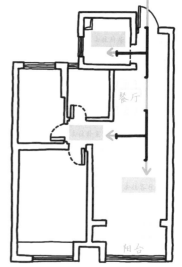

由主动线与次动线构成的T形动线有分流作用，并且在特定的情况下还可以形成无形界线。例如，去往卧室的次动线可以作为分隔客厅与餐厅的界线。这样，即使客厅与餐厅之间没有实体间隔，人也能清晰地感受到空间界线的存在，并能体会到开阔空间带来的舒畅感。

上面介绍的T形动线是由房屋户型设计形成的，下面介绍一下由家居布局形成的T形动线。还是以张先生家为例，假如把阳台上的沙发从主过道上移开（如下图所示），让主过道从家门直通到阳台，这样似乎更符合合理动线标准里的"短"这一原则，但在实际操作后却出现了问题。

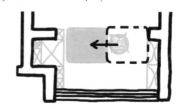

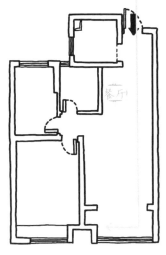

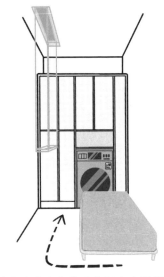

调整了沙发位置后的房屋平面图　　　调整了沙发位置后的阳台立面图

　　从调整了沙发位置后的房屋平面图中可以看到，从家门口通往洗衣区和晾晒区的动线是同一条，但因空间有限，沙发右侧的过道非常狭窄，且沙发挡住了洗衣机的前门，洗衣机使用起来非常不便。如果撤掉沙发，就失去了客厅扩容的意义。

　　从调整了沙发位置后的阳台立面图中可看到，沙发左侧过道与晾衣区占用了同一个空间，一旦晾上衣服，过道会变得不通畅，人的体验感变差。所以，这里更适合利用家具等摆设构建出新型动线，将洗衣区与晾晒区分隔开来。

　　如右图所示，两个功能区呈一左一右分布。左边是洗衣区，右边是晾衣区，两个功能区基本没有空间上的交集，这样各个功能使用起来就更便捷。

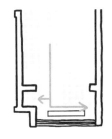

左右功能分区所带来的空间感及便捷感在马先生家体现得更明显，如右图所示。

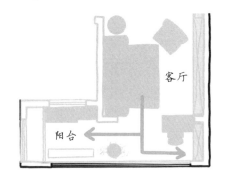

客厅

阳台

马先生家的客厅和阳台

因为洗衣区和晾晒区都在左边，所以T形动线的左侧动线进入洗衣晾晒区，右侧动线进入办公区。功能分区后，空间层次感变得更强。

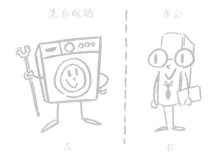

洗衣晾晒

办公

左

右

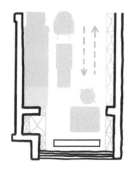

张先生家的客厅和阳台

保持阳台上沙发的位置不变后会发现，客厅茶几右侧的过道很宽，降低了客厅的利用率，这并不符合"充分利用"这一设计原则。

这样的客厅布局其实很常见，社交互动被"挤压"到一边，虽然会让人感受到相聚的氛围，但也会让人感到局促、不舒展。本就显小的客厅，会因为这样的布局而带来拥挤感，这与客厅扩容需求相违背。

既没有充分利用空间，也不符合需求，这样的客厅布局设计可以说是不及格的。

其实，只需要把沙发移动到过道上，并改变一下沙发的朝向，客厅就会变得宽敞大气，人坐在客厅里会感觉整个客厅都变大了。

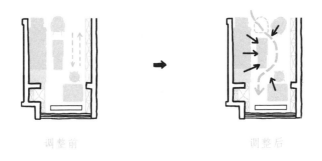

调整前　　　　　　　　　　　调整后

调整了沙发的位置后，虽然原过道被遮挡，但客厅聚拢人气的效果更好了。

新的客厅布局不仅使客厅看起来变大了，还有利于增强人与人之间的互动，这种家居布局方式称为"围合"。

"围合"打破了传统家居布局的规矩与死板，打破了固定的节奏，给熟悉的歌曲添加了美妙的旋律。

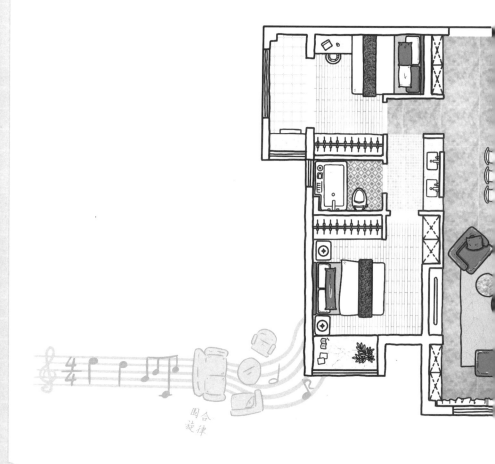

T形动线

分布在家里的每一个角落

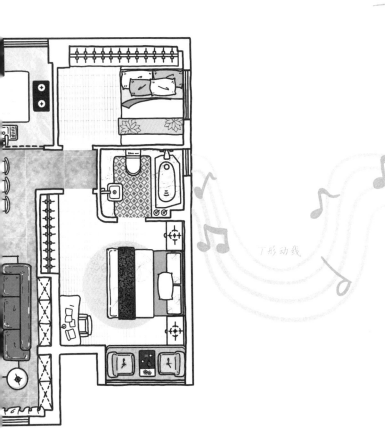

T形动线

◆ T形动线升级版：X形动线

前面介绍了常见的T形动线，这种动线设计形式给居家生活带来了便捷和舒适。

T形动线是指同一个点位可通向3个方向，而X形动线是指同一个点位可通向4个方向，且每个方向对应的功能区都是相对独立的，所以说X形动线是T形动线的升级版。

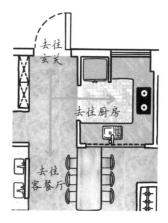

T形动线的3个方向

X形动线较之T形动线可达性更强，人在行进的过程中视野更好。X形动线是居住空间设计中使用率最高的动线，很适合应用于开放性较好的空间。

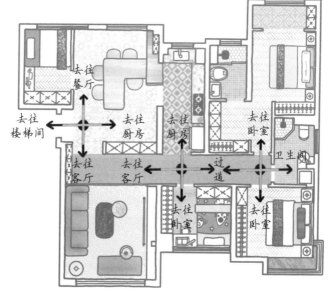

◆ O形动线

O形动线，顾名思义就是一条环绕动线，也是设计师熟知的洄游动线。它经常被用于室外场所，如公园、游乐园等的设计中。将各个游览点串联起来形成闭环，以达到让人完整游览整个空间的目的。

但O形动线的应用并不限于大面积的室外。勒·柯布西耶为母亲建造的湖边小屋引发了大家对O形动线应用于室内设计的不断思考。

下图所示的房屋局部空间中，客餐厅的家具摆放虽比较合理，但人沿着通往餐厅的动线一直走的话只能去往阳台，那这条动线将会成为一条"有来无回"的动线。

而如果我们拆掉餐桌右侧的非承重墙，把非承重墙右侧的空间整合到餐厅中，那么餐厅的空间就会变大，进而形成全新的动线形式：O形动线。

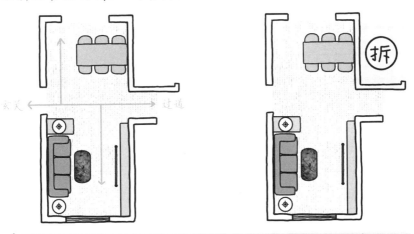

色块填充区域是否能进行整合，需根据实际情况而定。如果此区域是卫生间或墙体是承重墙，就不能进行整合或拆除。

调整后的餐厅，餐桌成了中心，人在餐厅的活动路线由C形变成了环状的O形。

这样的空间设计方式既让餐厅变得更大、更实用，又不会对主过道造成影响。

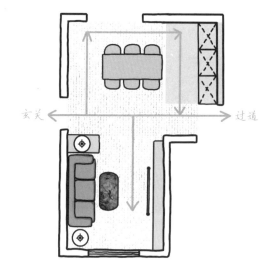

综上可见，O形动线设计的优点有以下两点。

增强空间开放性

过道与功能区融合，空间自由度更大，开放性更强。

增强空间通达性

行进路线上没有阻碍，空间的通达性更强。

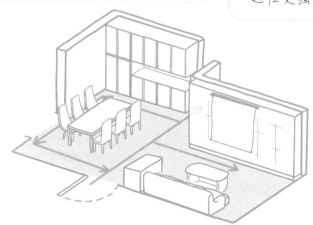

下图所示的两个房屋局部空间都采用了O形动线设计，两个设计方案有一个共同点：O形动线在同一个空间围绕家具形成。

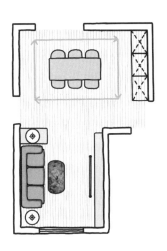
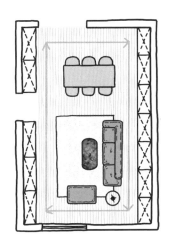

下面展示了O形动线的高阶玩法：串联不同空间中的功能区形成O形动线，使居家生活更便捷、顺畅。通往主卧的动线上分出两条动线，一条通往主卧，一条通往书房。

设计师通过门将书房打通，让书房既能成为供全家人使用的公共书房，也能在需要时变成主卧配套书房。所形成的O形动线使空间灵活性大大增强。

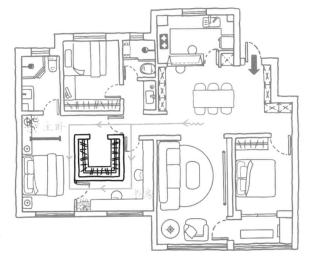

小灯泡笔记

T形动线

T形动线是常见的空间设计动线形式，常用于疏通通道拥堵，引导分流，还会用于功能分区、增加空间层次等多个方面。

X形动线

X形动线是T形动线的升级版。设计动线时，在条件适合的情况下，可优先选择X形动线。这样，空间的视野更开阔，通风效果及空间利用率都能得到很大的提升。

O形动线

O形动线既有其他两种动线形式的优点，又能让人在空间中感到开阔自由。不仅串联了功能区，使空间变得灵活，更串联起了家中的爱。

围合

想让社交互动性得到提升，可以通过调整家具的摆放位置来构建"围合"式布局。营造温馨、有爱、和睦的氛围。

给家居改造带来了新思路

第4章

开放餐厨共享
格局，住进装
满阳光的家

住心密码4：共享生活

为什么要做餐厨一体化

当父母还在考虑厨房是设计成开放式的还是封闭式的时，新一代的年轻人已经开始思考如何实现餐厨一体化了。

其实这也不难理解。在寸土寸金的都市中，一些追求生活品质的年轻人买不起大房子，便会退而求其次购买中小户型的房子。他们十分关注空间功能叠加这一问题。特别是小户型家庭，家里的许多地方被改造成功能叠加使用空间，以替代利用率低的单一功能空间。

但这样并不是说餐厨一体化只适用于中小户型，大面积户型也同样适用。因为充分利用空间，提高空间利用率与实用性，是大众对品质生活的共同追求。

餐厨一体化布局的底层逻辑

◆ 什么是餐厨一体化

　　很多人认为，把分隔厨房与餐厅的墙打通便是实现了餐厨一体化。但我们认为这样理解是流于表面的，餐厨一体化更应体现在功能使用上的便捷、流畅，其形式只是服务于功能而已。

◆ 3种底层逻辑

　　餐厨一体化布局有多种形式，但归纳总结起来主要有以下3种。

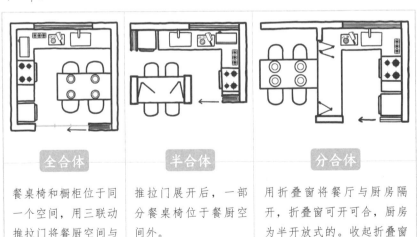

全合体	半合体	分合体
餐桌椅和橱柜位于同一个空间，用三联动推拉门将餐厨空间与其他空间隔开。	推拉门展开后，一部分餐桌椅位于餐厨空间外。	用折叠窗将餐厅与厨房隔开，折叠窗可开可合，厨房为半开放式的。收起折叠窗即实现餐厨一体化。

◆ 如何选择布局形式

3种形式, 选哪一种合适呢? 很明显, 应根据住宅面积及内部结构进行选择。3种布局形式, 每一种都对应有一个最小面积要求。若实际空间面积小于这个最小面积, 则建议改变布局形式, 以适应实际情况。

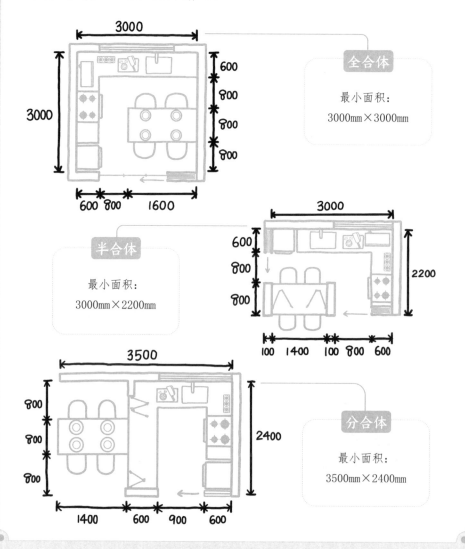

全合体
最小面积:
3000mm×3000mm

半合体
最小面积:
3000mm×2200mm

分合体
最小面积:
3500mm×2400mm

共享生活
住进装满阳光的交互餐厨空间

为了获得更多的改造灵感，这里将通过两个实际案例来探究餐厨一体化设计的细节与小技巧，然后分享18个餐厨一体化方案，让改造变得更轻松。

案例一、交互大变身

这是一套面积为184㎡的四室两厅住宅，其户型如下图所示。房屋面积不小，可厨房面积相对较小，厨房的收纳空间更小，且厨房与餐厅之间的交互程度较低。无论从功能上看还是布局上看，厨房与餐厅都被分隔开了，有很大一部分空间没有被充分利用。可以尝试用餐厨一体化的设计思路改造一下。

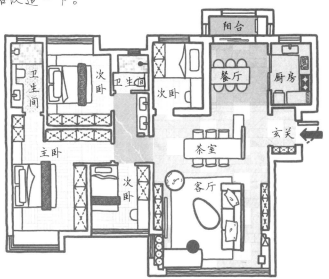

◆ 选择布局形式

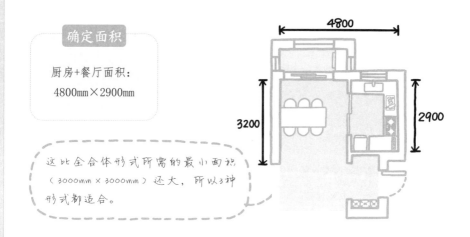

确定面积

厨房+餐厅面积：
4800mm×2900mm

这比全合体形式所需的最小面积
（3000mm×3000mm）还大，所以3种
形式都适合。

4800

3200

2900

确定适用布局

因餐厅与阳台相通，所以布局时应考虑在合适的位置留出过道，以便通往阳台。

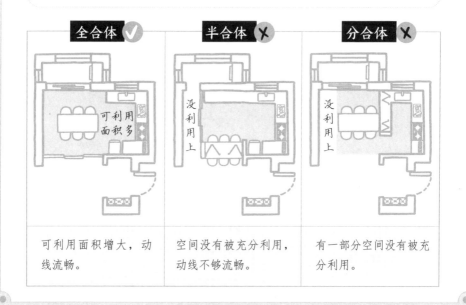

全合体 ✓	半合体 ✗	分合体 ✗
可利用面积多	没利用上	没利用上
可利用面积增大，动线流畅。	空间没有被充分利用，动线不够流畅。	有一部分空间没有被充分利用。

◆ 调整设计

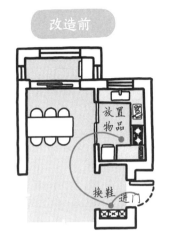

改造前

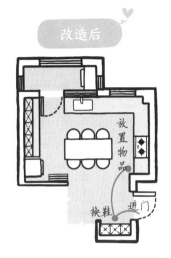

改造后

改造后会发现收纳空间增加了，动线更流畅了，空间灵活性提升了，空间看起来更宽敞大气了。

改造后的空间是一个餐厨一体化、半开放式的空间。用三联动推拉门分隔餐厨空间与玄关。

推拉门折叠起来后，可收进冰箱旁边的推拉门轨道盒里；展开后，餐厨空间就变成封闭式的了。

冰箱位可放置双开门冰箱，旁边留推拉门轨道盒位。

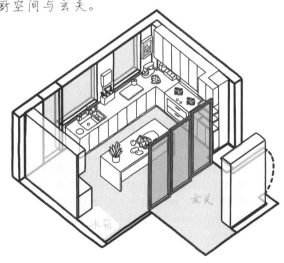

◆ 餐厨一体

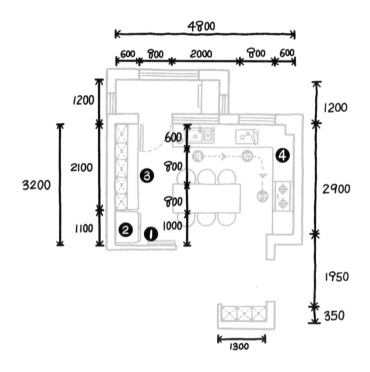

① 三联动推拉门轨道盒。

② 双开门冰箱。

③ 置物台面，既可作为备餐台，又可放置各种小家电，如微波炉、电饭煲等。台面上方可装吊柜，用于收纳。

④ 厨房操作区，顺时针依次是洗、切、炒区域，切菜区的面积大，食材准备区可以摆放很多食材。

◆ 收纳柜组

收纳柜组包括5个柜子：1个L形橱柜、1个I形橱柜、两个吊柜和1个鞋柜。

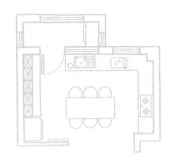

先说说L形橱柜。它用于收纳各种厨具、餐具、调味品和杂粮等。可嵌入集成灶和水槽。

L形橱柜

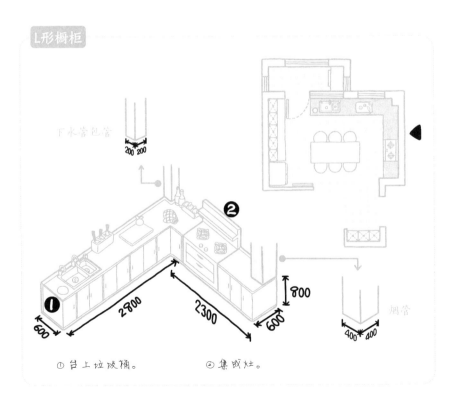

① 台上垃圾桶。　　　② 集成灶。

L形橱柜细节

①高度为30mm的挡水边。

②背板龙骨加厚20mm，使台面更加稳固。

③橱柜背板。

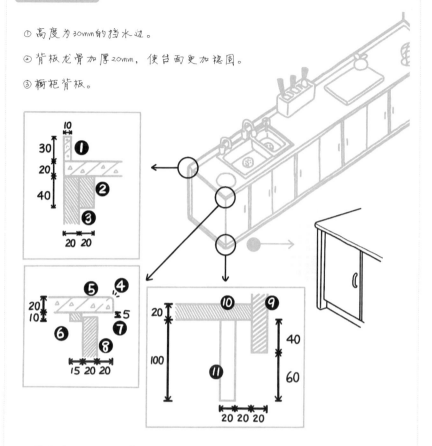

④圆角半径为2mm，防止割手。

⑤橱柜台面厚20mm，更显质感。

⑥挡板龙骨。

⑦橱柜台面与柜门顶部之间留有5mm宽的缝隙，便于开关柜门。

⑧橱柜柜门是向内收进去20mm，可防止台面上的水顺着柜门流下来。

⑨柜门底面比底板底面低40mm。这样，从正面看橱柜，其底部支撑挡板的高度要比实际的矮很多，更显精致。

⑩橱柜底板。

⑪以柜门表面为参考面，底部支撑挡板向内收进40mm，便于收脚。

L形橱柜分区

START

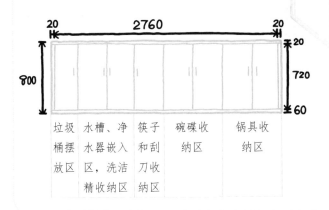

垃圾桶摆放区	水槽、净水器嵌入区，洗洁精收纳区	筷子和刮刀收纳区	碗碟收纳区	锅具收纳区

垃圾桶摆放区

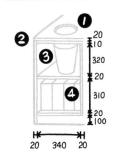

垃圾桶摆放区内部

垃圾桶

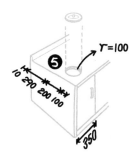

垃圾孔

① 台面上的垃圾孔（带不锈钢盖子）。

② 柜门挡板龙骨。

③ 上层柜格高320mm，用来放垃圾桶。

④ 下层柜格高310mm，用来放置工具箱。

⑤ 垃圾孔。

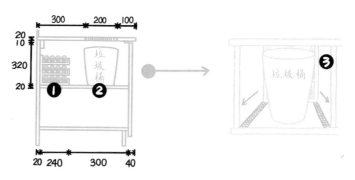

垃圾桶摆放区侧剖面图　　　　　垃圾桶摆放区上层柜格立面图

①垃圾桶摆放区上层柜格靠里的位置放五金篮，用于收纳垃圾袋。

②靠柜门处放垃圾桶。

③五金篮底部两边做滑轨，五金篮可以被拉出来使用。

水槽净水器嵌入区

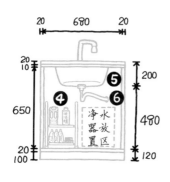

水槽嵌入区内部

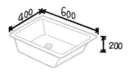

水槽

④带滑轨的抽拉式五金置物架可放洗洁精、磨刀石等。

⑤台下式水槽。

⑥水槽的排水管穿过预留的孔位，接入阳台地漏排水。

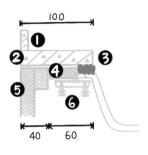

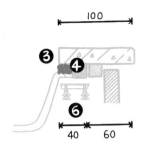

台下式水槽侧剖面图
（靠近背板）

台下式水槽侧剖面图
（普通中间）

①挡水边。

②橱柜台面。

③防霉耐候胶。

④粘贴在橱柜台面底部的龙骨。

⑤橱柜背板。

⑥五金组件用于固定水槽和龙骨。

筷子、刨皮刀收纳区

⑦两款收纳架，可选合适的使
用。可采用悬挂的方式收纳刨
皮刀、开瓶器等小物件。

⑧抽拉式收纳架，使用起来更
方便。

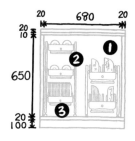

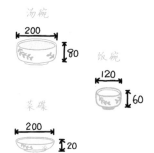

① 汤碗收纳区。

② 饭碗收纳区。

③ 菜碟收纳区。

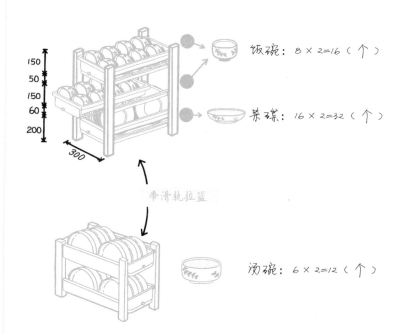

饭碗：8×2=16（个）

菜碟：16×2=32（个）

带滑轨拉篮

汤碗：6×2=12（个）

锅具收纳区

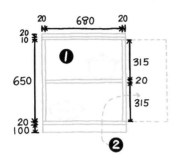
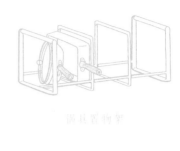

① 可直接放置锅具，也可购买锅具置物架，整齐收纳。

② 与旁边的橱柜连通。

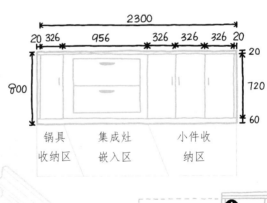

锅具	集成灶	小件收
收纳区	嵌入区	纳区

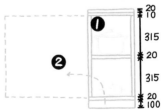

集成灶

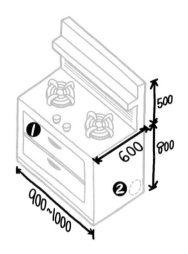

① 集成灶自带烤箱和消毒柜。

② 集成灶排烟口。

小件收纳区

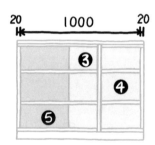

小件收纳区内部结构

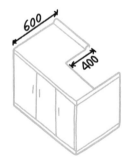

小件收纳区轴测图

③④ 这里分布着400mm长的烟管，所以橱柜剩余空间比较小。

⑤ 这里可以收纳各种包装袋、保鲜袋、打包袋、打包盒等。

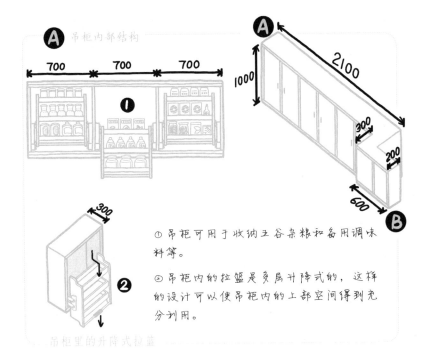

A 吊柜内部结构

700　700　700

❶

A

2100

1000

300

200

600

B

300

❷

吊柜里的升降式拉篮

① 吊柜可用于收纳五谷杂粮和备用调味料等。

② 吊柜内的拉篮是多层升降式的，这样的设计可以使吊柜内的上部空间得到充分利用。

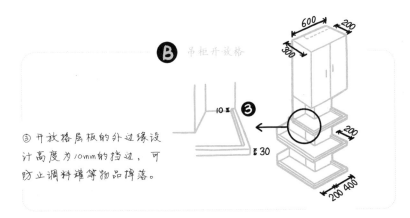

B 吊柜开放格

600　200

300

10 ❸

30

200

200　400

③ 开放格层板的外边缘设计高度为10mm的挡边，可防止调料罐等物品掉落。

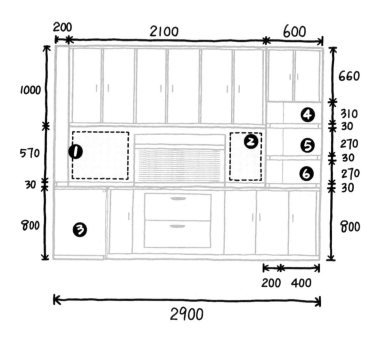

① 刀具摆放区。

② 锅铲悬挂区。

③ L形橱柜转角区域。

④ ⑤ ⑥ 3层开放格可用来摆放做饭时所用到的调味料。

已开封的调味料最好不要放在柜子里，以便使用。

I形橱柜与吊柜组合

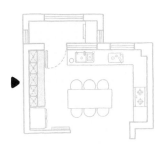

① 吊柜厚度为300mm，内部同样设计了升降式拉篮，用于放置各种物品。

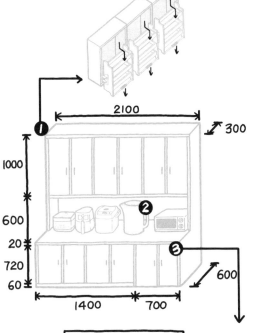

2100

300

1000

600

20

720

60

1400   700

② 台面上可放微波炉、电饭煲、烧水壶、面包机等电器。

③ I形橱柜。

④ 底部有支撑挡板的一边可以放米缸、打包盒等。

⑤ 底部没有支撑挡板的一边可放酒坛子、腌菜坛子等。

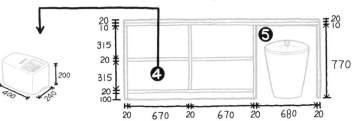

600

200

400   240

20
10

315

20

315

20
100

20
10

770

20   670   20   670   20   680   20

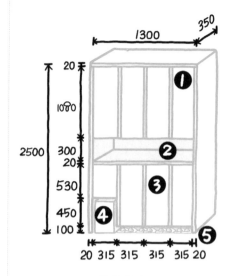

鞋柜尺寸

拖鞋摆放区

① 上方柜子收纳当季不穿的鞋子（换季后暂时不穿的鞋）。

② 包包、袋子、钥匙等的放置区。

③ 当季常穿鞋子的收纳区。

④ 换鞋凳。

⑤ 拖鞋摆放区。

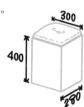

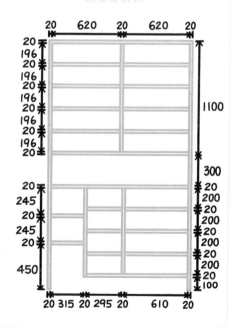

◆ 改造前后对比

改造前

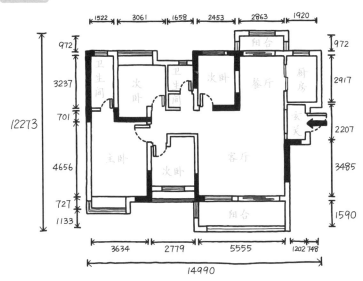

改造后

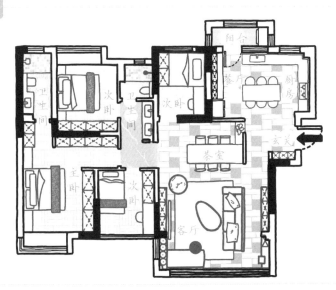

案例二、餐桌大变身

案例一介绍的是大面积户型的餐厨一体化改造。下面来看看较小面积户型的餐厨一体化改造。

这里是一套面积为93 m²的紧凑型住宅。说它紧凑，是因为里面住着6口人，人均面积仅为15.5 m²。

从下面的平面图中可以看出，这套住宅的户型是比较常见的三室两厅的格局。厨房在玄关旁，位于进门右侧。这个房子虽然户型看起来方正、规矩，但内部布局忽略了空间利用率。

厨房与餐厅的面积本来就不大，现在还被通道占去了。一部分厨房只能放置基本设备，没有更多地方来收纳物品。如果用餐人数较多，使用小餐桌会很拥挤，使用大餐桌又影响动线的流畅度。

所以，不如对餐厅和厨房进行改造，减小过道占用面积，增加收纳空间。

除此之外，可以定制可伸缩餐桌，以便根据用餐人数灵活使用。

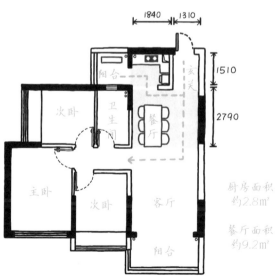

学了那么久，让我来试着设计一下~

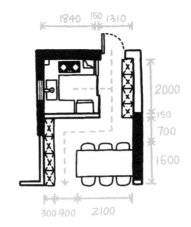

◆ 设计升级

来看看最终的升级版设计吧！

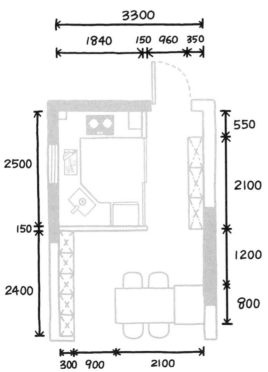

◆ 调整设计

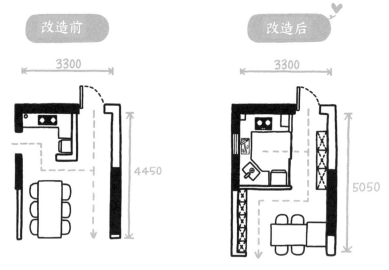

改造前   改造后

3300

4450

3300

5050

通过对比发现，橱柜从L形的变成了U形的；玄关与餐厅增加了两个收纳柜；动线变得便捷了，空间利用率提高了；收纳空间增加了。

为了解决过道占用空间过大的问题，这里把生活阳台与厨房之间的门封上了，让厨房门对着玄关，原来被过道占用的部分空间，用于扩大厨房面积。

为了使厨房使用起来更舒适，将厨房的面积从2.8㎡扩大到4.6㎡。用玻璃门替代厚实墙体与传统房门是为了提升视觉空间感。这样人站在厨房里不会觉得局促，站在玄关处也不会觉得过道长而暗。

鞋柜

可伸缩餐桌

◆ 可伸缩餐桌

在这个案例里，我们主要说说可伸缩餐桌和餐厅里的收纳柜，根据前面案例一中介绍的设计思路进行设计。

餐桌可伸长、可缩短，伸长后至少可供5人用餐，缩短后至少可供3人用餐，能满足不同人数的用餐需求。

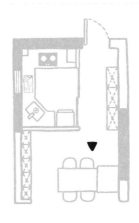

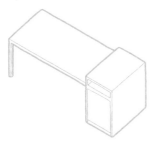

完全伸长后的餐桌　　　　　　缩短后的餐桌

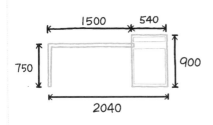

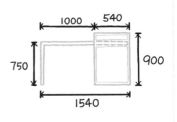

餐桌又可分为桌面与
吧台两部分。

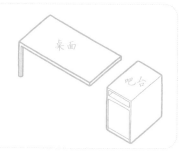

桌面

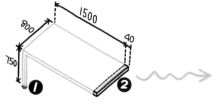

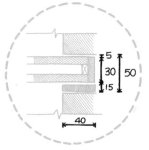

① 餐桌桌脚带滑轮，方便移动。

② 桌面实际总长为1540mm，其中可用
部分长1500mm，与吧台连接的部分长
40mm。

桌面与吧台连接处的细节

吧台

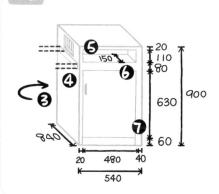

③ 反面的设计与正面的一样。

④ 桌面与吧台的连接处。

⑤ 小开放格用于收纳小物件。

⑥ 内部设有轨道盒。

⑦ 一侧侧板的厚度至少为
40mm，便于加装钢结构的支撑
架，将吧台固定于墙面。

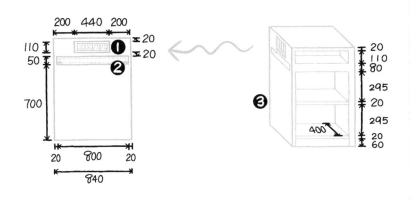

吧台侧面前图   吧台内面

① 插座盒的位置。

② 轨道盒的设置位置。

③ 两层柜格的深度都为400mm，
背面柜格的深度也是一样的。

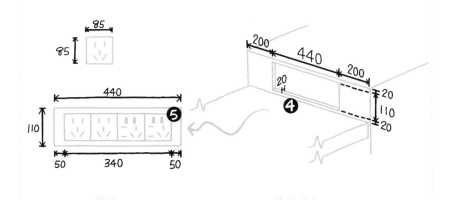

插座   插座盒的

④ 插座盒的内凹深度为20mm。将插座盒设计为内凹样式，可防止
水从上方流入插孔。

⑤ USB接口。

◆ 餐厅酒柜

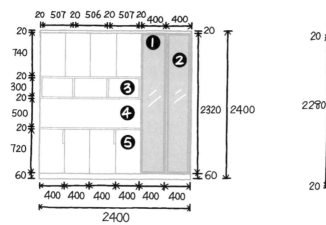

酒柜正立面图　　　　　　　　　　酒柜玻璃门

① 酒柜顶板。

② 酒柜装有玻璃门的部分作为陈列柜。

③ 小开放格。

④ 大开放格。

⑤ 无拉手柜门。

⑥ 20mm宽的铝合金边框。

⑦ 钢化玻璃门。

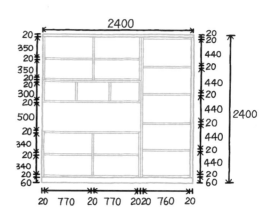

酒柜内部结构

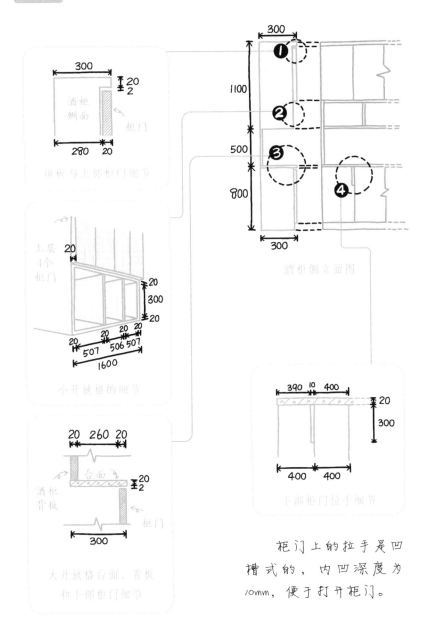

酒柜侧面
柜门
300
280 20
20
2
顶板与上部柜门细节

上层1个柜门
20
20
300
20
20
507 506 507
1600
小开放格的细节

20 260 20
台面
20
2
酒柜背板
柜门
300
大开放格台面、背板和下部柜门细节

300
①
1100
②
500
③
800
④
300
酒柜侧立面图

390 10 400
20
300
400 400
下部柜门拉手细节

柜门上的拉手是凹槽式的，内凹深度为10mm，便于打开柜门。

◆ 改造前后对比

所有改造完成后，来看看房屋改造前后的对比效果吧！

改造前

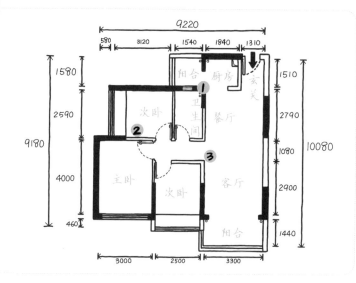

改造后

①生活阳台由原来的从厨房进入改为从卫生间进入。

②3间卧室的部分墙体及房门被调整。

③客厅到卧室的过道整体向下平移，缩短客厅的长度，以留给餐厅更多空间。

餐厨世界的"百变狸猫18式"

　　其实，现代户型中，生活阳台、厨房、玄关、餐厅的格局与案例二中一样的户型有不少。如果要对生活阳台、厨房、玄关、餐厅的格局进行改造，既可以参考前面案例中介绍的设计方案，也可以从下面的18种设计方案中获取灵感。

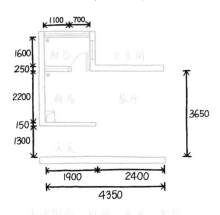

生活阳台、厨房、玄关、餐厅

◆ U形橱柜向着玄关

厨房门朝玄关开，冰箱放进厨房，餐桌放在餐厅且餐桌四周都留宽度相近的过道。

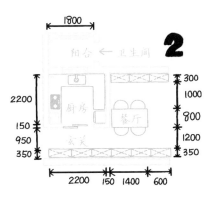

厨房门朝玄关开，冰箱放进厨房，餐桌放在餐厅且靠着分隔厨房与餐厅的墙摆放。

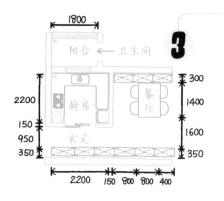

3

厨房门朝玄关开，冰箱放进厨房，餐桌放在餐厅且靠着柜子（贴着分隔餐厅与卫生间的墙摆放的收纳柜）摆放。

厨房门朝玄关开，冰箱放进厨房，餐桌靠着柜子摆放并对着玄关。

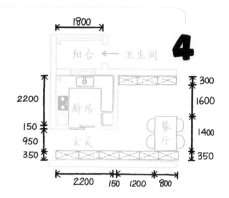

4

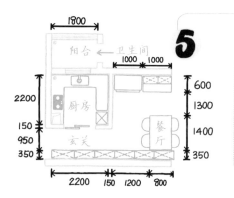

5

厨房门朝玄关开，冰箱放在餐厅，餐桌靠着柜子摆放并对着玄关。

◆ U形橱柜向着餐厅

厨房门朝餐厅开，冰箱放进厨房，在餐厅且餐桌四周都留宽度相近的过道。

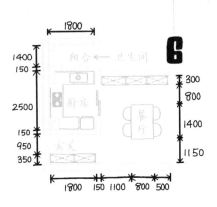

厨房门朝餐厅开，冰箱放进厨房，餐桌靠着柜子（贴着分隔餐厅与卫生间的墙摆放的收纳柜）摆放。

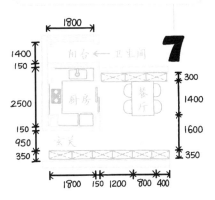

厨房门朝餐厅开，冰箱放进厨房，餐桌放在餐厅并靠着厨房门口的墙隙摆放。

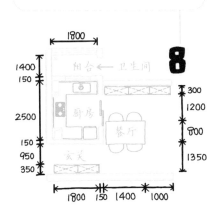

厨房门朝餐厅开，冰箱放进厨房，餐桌靠着柜子摆放并对着玄关。

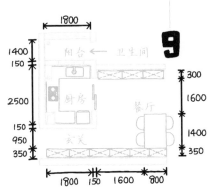

◆ L形橱柜+玻璃门

用隔断将玄关与餐厅隔开，人进门后，从厨房进入餐厅，餐桌靠墙摆放。

用隔断将玄关与餐厅隔开，从厨房进入餐厅，餐桌摆放在餐厅且餐桌四周都留过道。

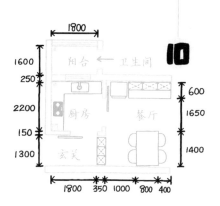

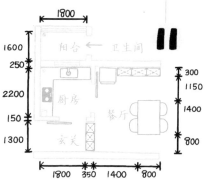

用隔断将玄关与餐厅隔开，从厨房进入餐厅，餐桌靠着玄关隔断摆放。

将餐桌作为玄关隔断，人进门后，从厨房进入餐厅，餐桌靠墙摆放。

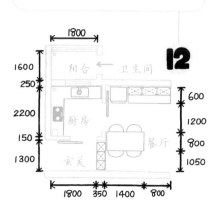

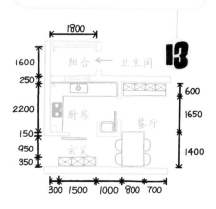

◆ 开放式厨房

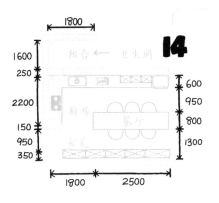

开放式厨房，餐桌放在中间。

开放式厨房，L形餐桌与L形橱柜围成一个有缺口的长方形区域。

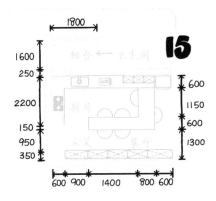

开放式厨房，U形餐桌的开口朝着客厅。

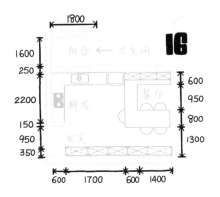

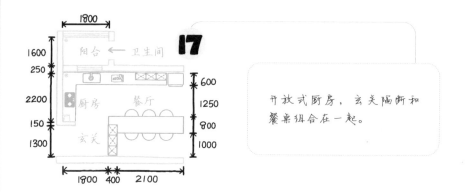

开放式厨房，玄关隔断和餐桌组合在一起。

开放式厨房，餐桌和树池组合在一起。

真好~
有那么多的参考就不怕没有灵感啦！

您辛苦啦~

只看家具大小及过道的常规宽度

例1

许多人认为餐桌和橱柜之间的过道只有900mm宽，这样的过道太窄了，不能同时满足厨房作业和餐椅摆放的需求。

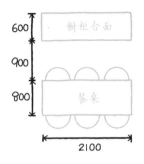

例2

还有很多人觉得餐厅太小用不了。如左图所示，餐厅面积太小，餐桌与厨房门和外墙的间距只有800mm。这样的间距比例1中的900mm更窄，且还得兼顾餐椅的摆放，这就更难以满足需求了。

例3

也有不少人认为衣柜只有500mm深是用不了的；过道只有450mm宽，人过不去……

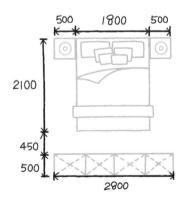

以上3种认识，其实都没有太大问题，只是不够全面。很多人只考虑了"家具大小及过道常规宽度"这一方面，而想要做出有平衡感的设计，其实需要考虑以下3个方面。

①家具大小及过道的常规宽度。

②当前空间在居家生活中使用频率的高低。如果使用频率高，去往该空间的过道宽度就应大一些，反之则可以小一些。

③当前空间改造前或改造后的进深和开间大小。也就是说如果当前空间是一个矩形块面，家具大小及过道宽度需要根据矩形块面来设计。

下面A、B两图所示的房屋局部空间都是一个矩形块面。这种情况符合上述第3个方面。但A图中餐厅右边是室外，B图餐厅右边是生活阳台。

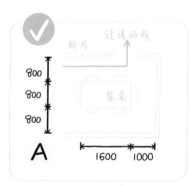

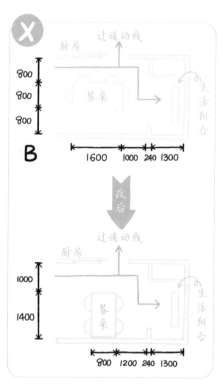

因此，图B所示的空间比图A所示的空间多一条去往阳台的动线。这就使得图B中餐厅过道的使用频率更高。结合上述两个方面来考虑，图A中的餐桌摆放是合理的，图B中餐桌的摆放不合理。

小灯泡学徒期考校大练兵

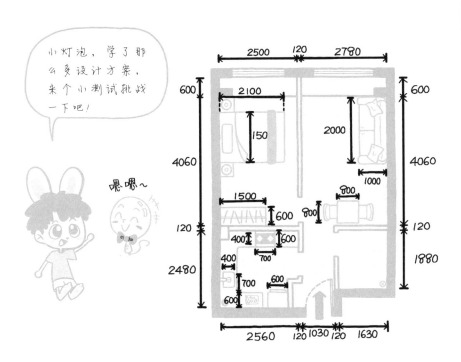

小灯泡，学了那么多设计方案，来个小测试挑战一下吧！

喂喂~

张女士

上面是一间位于北京朝阳区的建筑面积39㎡、使用面积31㎡的北向小公寓，张女士是房主，她是一位刚毕业的博士，现在某互联网公司工作。这套公寓是其父母资助并在2015年购买的。

图示房型是北京常见的一种商住公寓户型，大约从2000年开始，建造得特别多。

◆ 方案A

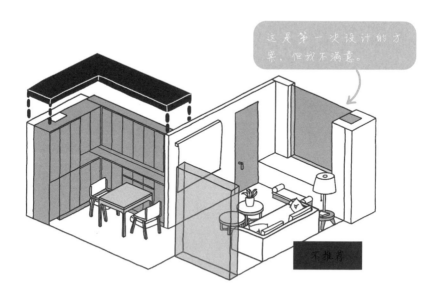

这是第一次设计的方案，但我不满意。

不推荐

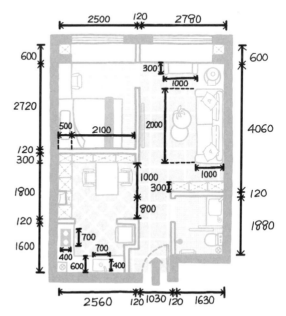

开放局改

对比原设计进行了以下改变。

①卧室面积缩小，卧室门的位置发生改变；厨房面积缩小。

②空出的地方用来摆放餐桌与收纳柜。餐厅不设门，与客厅连通。

③卫生间与客厅的布局变化不大。

◆ 方案B

　　方案B直接摒弃另设餐厅这种形式，转而用餐台与橱柜组合出餐厨一体化空间。

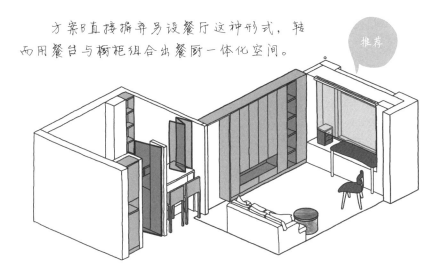

推荐

　　厨房门是玻璃的。在餐台上方的吊顶上加装一条轨道，用于安装折叠窗。当收起折叠窗时，客厅、用餐区域与厨房实现空间连通；当把折叠窗展开时，一个封闭式的厨房就形成了。当担心油烟从厨房溢出时，就可将折叠窗展开，以隔绝油烟。方案B采用的是一种可开可合式的一体化设计。

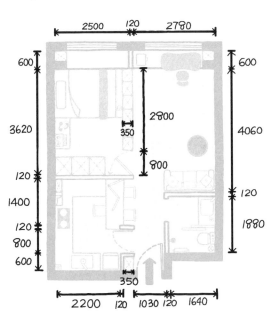

餐厨结构

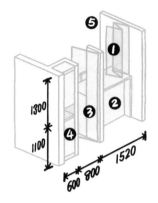

① 玻璃折叠窗。透过展开的折叠窗直接看到厨房内部。收起折叠窗后，可与在厨房忙碌的人进行最直接的互动。

② 和厨房连接在一起的餐台。

③ 铝合金磨砂长虹玻璃（超白玻璃）门。

④ 鞋柜。

⑤ 餐台上方吊顶上安装折叠窗的隐形轨道槽。

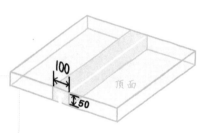

隐形轨道槽

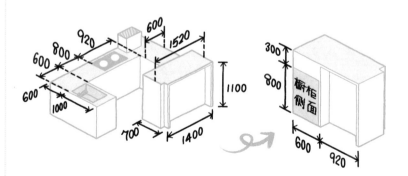

即使是相同的台面，不同位置的做法也有所不同。

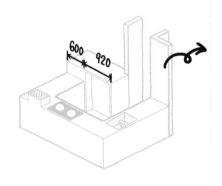

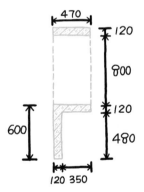

墙的位置和尺寸很关键，需严格按照尺寸进行墙体改造。

客厅布局

方案B中的客厅布局有6个小亮点，你发现了吗？

①有隔音作用的收纳柜。板材夹层里填充纳米合成隔音棉。

②移动书桌。不用时可以收起来，使用时可以打开。

③飘窗上可以放绿植，让其正对着家门，开门可见，设计感满满。

④这个椅子既可以供人在阅读和写作时使用，又可以与沙发形成互动关系。

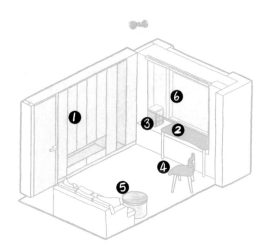

⑤传统茶几太占地方，换成小边几更有意思。

⑥电动投影幕布。

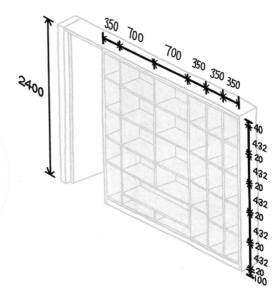

收纳柜的板材夹层里填充合成隔音棉，吸声性能极好！

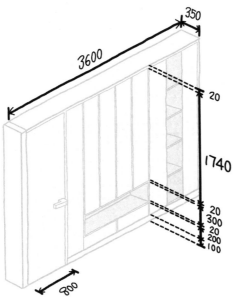

飘窗书桌

　　飘窗书桌是一种可与飘窗组合起来使用的书桌。平时不用时推进去，需要使用时往外拉。可以在桌面边缘增加挡板，以防物品滑落。

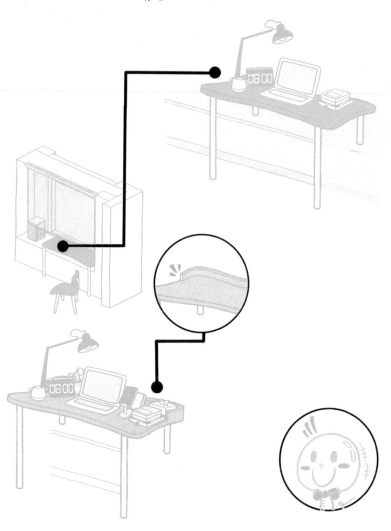

玄关处的鞋柜

① 上部柜格可以用于放置配饰等物件，搭配带把手的收纳盒使用，整洁且美观。

② 下部柜格可摆放鞋子，也可以搭配鞋子收纳盒使用。

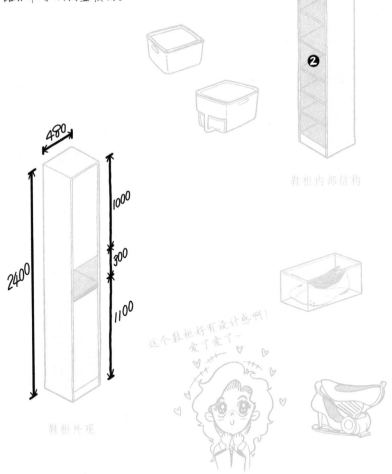

鞋柜内部结构

鞋柜外观

这个鞋柜好有设计感啊！爱了爱了~

第5章

康养型智慧家居，让家实现所有期待

住心密码5：智慧康养

对于我们每个人而言，有两件事是绝对公平的！一件是每个人每天都有24个小时；另一件是每个人都只有一次生命。《黄帝内经·素问》中记载："圣人不治已病，治未病；不治已乱，治未乱。"这一思想和21世纪的医学目的与医学发展方向相吻合。最好的治疗就是预防疾病、康养关护。

想要在有限的时间里提高生命质量，我们需要高效统筹光环境、空气环境、水环境、无障碍环境和智慧环境检测等，在居家空间中实现全方位协同设计。

有数据显示，居家空间全方位协同设计在某新媒体平台受到约1.08亿用户的广泛关注。接下来，我们将把独家设计的灵感分享给大家。

智慧康养
关护无限，身心愉悦

光环境的关护空间设计

说到光照，相信大家都不陌生。家中每一个功能区都需要灯光照明。在较暗环境中阅读时需要用灯，起夜时需要小夜灯，酒柜里需要装灯，露台也需要装灯，等等。总之，灯在居家空间中应用广泛，每盏灯都有对应的用途。从用途出发对全屋灯光进行布置，是对的，但并不是全面的。

因为现代家庭中多用LED灯，所以这里就介绍一下家用LED灯灯光设计的3个考量方面，用于判断家用LED灯灯光设计的合理性，同时也为家庭灯光改造提供思路。

◆ 面积大小

一般来说，每平方米空间所需的照明功率为1~4W。假设当前空间的面积为10m²，那就适合安装功率为10~40W的灯具。

◆ 用途

假如灯具的用途为助眠，亮度需求偏低，那么照明功率密度小于1W/㎡会较为合适；假如灯具的用途为普通照明，则照明功率密度为2~3W/㎡较为合适；假如灯具用于生产作业，则照明功率密度为2~4W/㎡较为合适。

照明功率密度
小于1W/㎡

照明功率密度
2~3W/㎡

照明功率密度
2~4W/㎡

◆ 光源分布

假设吊顶上安装了一个LED灯，它的照射效果会由光照中心向外逐渐减弱，肉眼看到的现象是光照中心最亮，四周的光亮由近到远逐渐减弱。所以，想要实现光线均匀分布，就需要合理地布置光源。

光源分布不合理

光源分布较合理

灯光, 灯光, 不一样的 "烟火"

下面结合案例展开讲解一下。如右图所示,这是一套面积为128m²的四室一厅住宅,经过改造,房屋变成了三室两厅一茶室的布局。接下来我们就从客厅开始,来说说这套房子的灯光该如何设计。

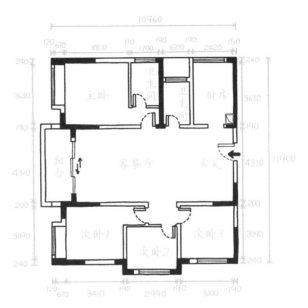

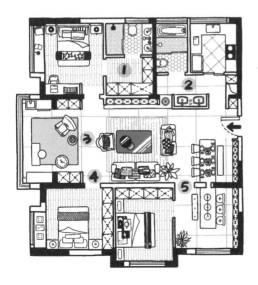

① 主卧增设的衣帽间。

② 公共卫生间改由此进入。

③ 阳台与客厅整合在了一起。

④ 次卧1改为从此处进入。

⑤ 由次卧3改成的茶室。

下图所示的客餐厅局部空间的面积约为35㎡，空间内的灯具多用于普通照明。由此可知，将空间内的照明总功率设计为70~105W会比较合适。现在流行无主灯设计，这种灯光设计以在吊顶上分散布置光源为主，以在墙面、柜体或其他位置布置光源为辅。

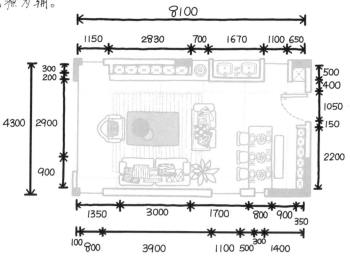

客餐厅局部平面图

① 磁吸轨道灯。灯与附近墙面之间应留400mm宽的距离，以免因距离太近造成墙面过亮。

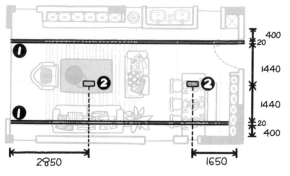

客餐厅吊顶上的光源布局

② 筒灯。由于两条磁吸轨道灯之间有近3米的距离，只使用磁吸轨道灯时，客厅灯会出现中间暗、两边亮的照明效果。因此，可以在茶几和餐桌上方的吊顶上安装筒灯，以平衡照明。

磁吸轨道灯的位置如何确定

磁吸轨道灯的轨道位置一旦确定,灯的安装、替换或移位就简单便捷了。那轨道位置该如何设计才合理呢?可参考"光要打在需要提亮的地方"这一原则。

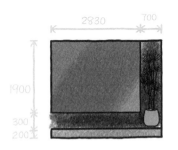

客餐厅设计时,电视墙设计是重点,如果不给电视墙打光,电视墙看起来就会很暗淡。这样的灯光设计是不合理的,因为从正面看过去,两个光源打下来的光束相对电视墙是不对称的。

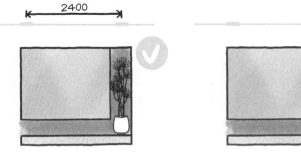

正确的做法是让两个光源打下来的光束相对电视墙对称分布。如果墙面上挂着装饰画,可对其进行提亮,在装饰画上方的墙面上设置光源。

客厅灯光设计细节

经过分析，客厅靠近电视墙一边的灯光设计如下图所示。

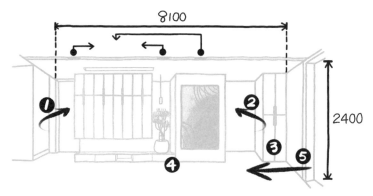

①通往主卧的过道。

②通往厨房和卫生间的过道。

③对应装饰画的灯（功率为13W）。

⑨⑩对应沙发背景墙的两个灯（每个灯的功率为13W）。

⑪对应餐桌的灯（功率为13W）。

⑫4个筒灯（每个灯的功率为5W）。

③收纳柜。

④地台。

⑤玄关。

⑥对应电视背景墙的两个灯（每个灯的功率为13W）。

⑦对应绿植。

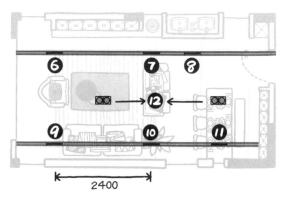

客厅吊顶上安装了6个磁吸泛光灯和4个筒灯。根据前面提到的总瓦数为70~105W来计算，每个灯的功率为5~13W比较合适。在功率相同的前提下，灯的色温不同，照亮程度是不一样的，色温越高，灯就越亮。暖光的色温约3000k，白日光的色温约4500k，冷光的色温约6500k。

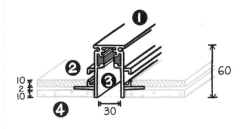

① 磁吸轨道槽。　　③ 泛光灯安放位。

② 大芯板（底板）。　④ 石膏板（面板）。

不同场景中的灯光设计

下面来看看不同场景中的灯光设计。

◆ 鞋柜灯光设计

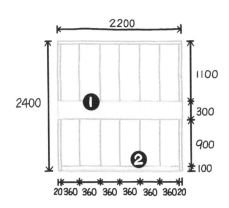

① ② 可以在经常需要用到的中部开放格和下方留空处设计灯光。

进门左侧鞋柜

◆ 鞋柜灯光设计细节

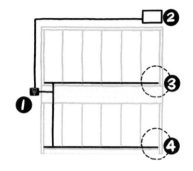

① 触摸开关。　　　③④ 线形灯带。

② 变压器。

　　电线从变压器出并从触摸开关进，出触摸开关后分为两路，一路接入开放格灯带，另一路接入扫脚灯带。

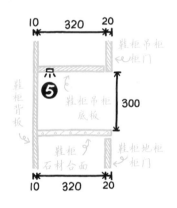

鞋柜开放格侧剖面图

⑤ 开放格线形灯带。

灯带宽度和厚度

④ 鞋柜吊柜底板。灯带距离鞋柜背板50mm，以免背板过亮，影响效果。

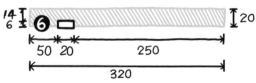

鞋柜吊柜底板细节

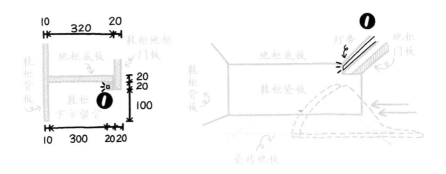

鞋柜打脚区剖面图　　　　　　鞋柜打脚与灯光设计示意图

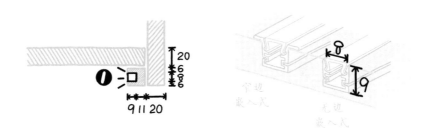

打脚与灯带设计细节　　　　　　打脚打灯带宽度和厚度

◆ 衣柜灯光设计

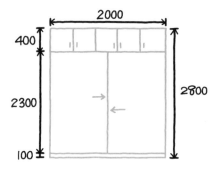

衣柜正立面图

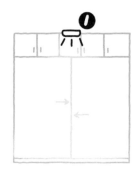

吸顶灯照明

（衣柜正立面）

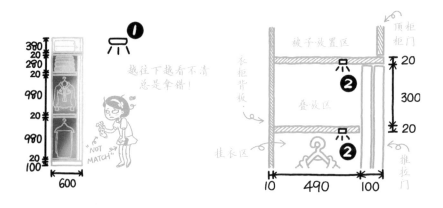

衣柜侧剖面图

衣柜内部灯光设计细节图

① 这个吸顶灯是照不到衣柜内每一个角落的。

② 在这些位置安装灯带能够照亮衣柜内部，便于取放衣服。灯槽的尺寸及具体的安装位置，可参考鞋柜开放格的灯槽去设计。

◆ 小结

在住家环境中，如果一个空间内只有一个光源，那么无论这个光源有多亮，总有些地方是光照射不到的。这时就要考虑光源分布了，通过合理布置光源，实现照明补充，从而获得更佳的照明效果。

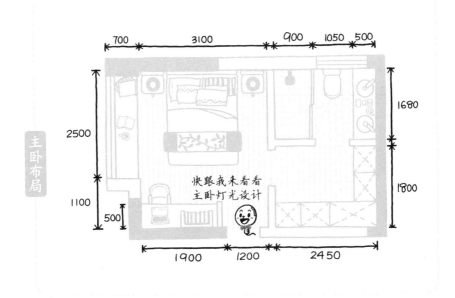

主卧布局

主卧里的灯光设计

主卧的灯光设计与客厅不同，因为卧室里的灯光用途较多，除了提供基本的照明，还会有以下4种需要补光的情况。

① 打开衣柜拿取衣物。

② 伏在书桌上写作。如果书桌带有化妆台，还需要对化妆区进行补光。

③ 睡前靠在床头阅读。

④ 起夜。

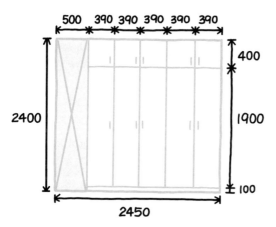

左图所示的是主卧衣帽间里的衣柜，与前面介绍的衣柜灯光设计不同，主卧衣柜里的灯光可分白天与黑夜两种模式。白天使用衣柜时是不需要打光的，晚上打开衣柜时就需要进行补光。

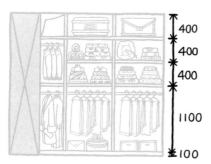

白天模式（无灯光）

黑夜模式（有灯光）

◆ 如何实现白天黑夜两种模式

我们的需求是柜体内的灯在柜门被打开时即亮，但分白天和黑夜两种模式。这该怎么办呢？

我们需要转换器、感应器及合理安排线路。

①转换器。   ③电线。

②感应器。   ④开关。

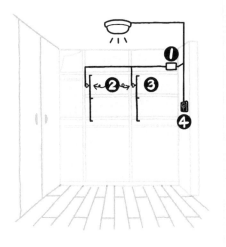

衣柜照明线路示意草图

电线出开关后分两路，一路接入吸顶灯，一路接入转换器。电线从转换器出来后接入感应器，出感应器后再接入灯槽。一个感应器控制一扇柜门背后的层板灯带。

开关同时控制吸顶灯（基础照明）和转换器。当开关打开时，吸顶灯亮，转换器开始运行。转换器连接着各扇柜门背后柜格里的感应器。当打开对应的柜门时，该扇柜门背后的层板灯带亮；当关上柜门时，层板灯带灭，并且打开或关闭柜门时，其他柜格里的层板灯带不受影响，这样可以省电。而白天不需要用吸顶灯，开关不会被打开。因为没有通电，所以开关柜门时，灯也不会亮。这样就实现了白天黑夜两种模式。

◆ 书桌灯光设计

主卧里衣柜的灯光双模式设计介绍完了，下面来看看能满足写作与化妆双需求的书桌区域的灯光设计方案。

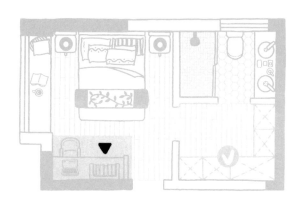

一般来说，伏在书桌上进行写作时，不会用到卧室的吸顶灯。因为此时吸顶灯在人的身后（如下图所示），灯亮后，写作区会出现阴影，影响正常书写。

把灯安装在书桌正上方的吊顶上（如下图所示）也是不可行的。因为伏案写作对光线的要求较高，灯装在书桌正上方的吊顶上时，打到桌面上的光的亮度依然不够。

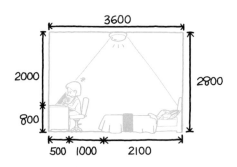

台灯是不错的选择，但作为写作区光源，光照分布不够均匀，容易导致视觉疲劳。

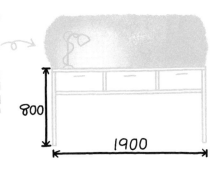

800

1900

　想要解决书桌区域光线不足的问题，可以在书桌上方设计吊柜，在吊柜底部安装灯带，这是非常理想的做法。吊柜还可用于收纳书籍。

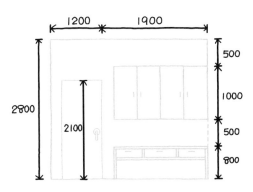

1200　1900

500

1000

500

800

2800

2100

① 可以将灯带开关和卧室吸顶灯开关安装在同一个开关盒中。

② 长条灯带能使桌面上的光线均匀分布。长条灯带同样适合作为化妆台光源，因为化妆台更需要光线均匀分布。

❶

❷

光线分布均匀　　光线分布不均匀

◆ 书桌灯光设计细节

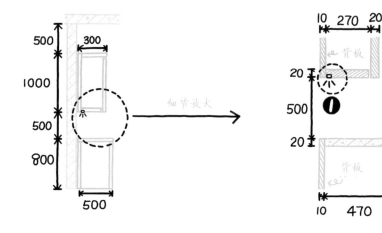

书桌+吊柜侧立面图　　　　　书桌+吊柜侧剖面细节

①与前面介绍的鞋柜和衣柜的灯光设计不同，书桌上方的灯带安装在吊柜底部靠近背板的位置较为合适。一来部分光线经过墙面漫反射后变得更加柔和；二来低头书写时，纸面上不会出现阴影。

灯槽宽度及深度

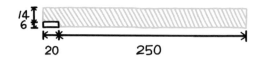

吊柜底板+灯槽细节

◆ 床头灯光设计

床头灯可用于睡前阅读照明。在进行灯光设计前，要考虑实际需求。很多人在睡觉前有坐在床头阅读和玩手机的习惯。而主卧一般是双人房，有可能其中一个人在进行睡前阅读，但另一个人在睡觉。所以在进行灯光设计时，需要考虑这个问题。

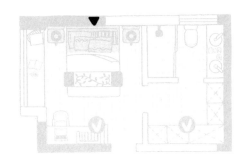

如果打开吸顶灯，会影响身旁的人休息；如果打开床头柜上的台灯，虽不影响身旁的人休息，但会因光线不足，导致无法正常阅读。

出现这两种问题，实际上都是因为灯的安装高度不合适。顶灯位置太高，台灯位置又太低。考虑到高度的合理性，在床头一侧的墙体上安装竖向的灯带就可以很好地解决这两个问题。

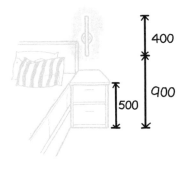

◆ 起夜灯光设计

为了便于起夜，起夜灯该如何设置呢？

布置起夜灯的理想方案：沿着路径，即起夜灯应设置在从床到卫生间的过道上。起夜灯的位置不宜过高，否则会影响到其他人。

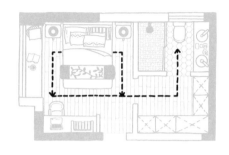

起夜行动路线

如右图所示，当人从a位置下床时，起夜灯①感应到动作，起夜灯①②③④同时亮起，a、b、c、d区域同时被照亮。同样，当人从b位置下床时，或从客厅走到卧室的c位置，或从卫生间出来走到d位置时，都是离得最近的起夜灯感应到动作，然后起夜灯①②③④同时亮起。起夜时，下床的位置不固定，所以，右图中虚线所示的过道区域都需要照明。

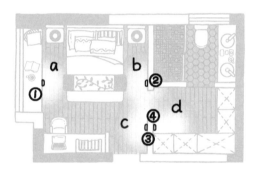

起夜灯安装位置示意图

起夜灯开关设置在床头，可以在睡觉前打开。

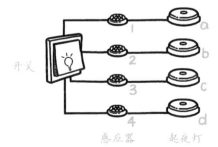

开关　　感应器　起夜灯

客餐厅里的氛围灯光设计

◆ 打造最亮丽的生活空间场景——氛围灯光设计

前面所讲的灯光设计虽然能满足基础照明需求，但从设计效果来看缺乏美感。这时，可以通过设置主光源、辅光源、点光源来实现想要的效果。

主光源

这里的主光源是指家居中的主体照明，缺少它，夜晚的家里将会变得很暗。前面提到的磁吸轨道灯和筒灯都属于主光源。

辅光源

辅光源是用来辅助主光源对某些位置补光，使空间更加明亮的光源，如灯带、线形灯条等。

点光源

点光源是指从一个点向周围空间发光的光源，通常情况下是配合辅光源或者为满足某种需求（如看书等）而使用的。

值得注意的是，在大多数情况下，筒灯是作为点光源使用的。而在前面介绍的"客餐厅无主灯"设计方案里，磁吸轨道灯是作为主体照明的光源，筒灯是配合磁吸轨道灯使用的。但这里的筒灯并不是辅光源，而是作为主体照明的一部分出现的，所以应与磁吸轨道灯一样视作主光源。

◆ 如何搭配光源更有设计感

　　从前面所讲的内容可知，主、辅、点光源的使用主要是根据其功能作用来确定的。那是不是说，只要按需搭配就能设计出舒适、和谐的灯光效果呢？并不是的。想要打造突出的设计感，还需借助一个小方法："四象限法"。

　　如果在一张白纸上画出横、纵两条中线，会发现纸上出现了一个"十"字。这个"十"字将纸面划分为4个区域，我们可以将这4个区域看成4个象限。为了便于说明，这里称4个象限分别为a、b、c、d，如下图所示。

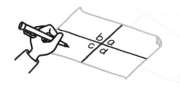
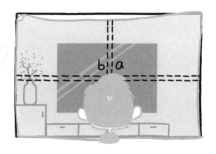

　　要突出设计感，就需要在这4个象限中至少选择3个象限，如abc、abd、acd或bcd进行光源补充。

　　当需要给某个空间设计灯光时，就可以运用"四象限法"，将这个空间的视垂面看作一张白纸，利用"十"字划分出a、b、c、d 4个象限，再合理搭配光源。

下面结合实际案例，运用四象限法对客餐厅的氛围灯设计进行介绍。

◆ 鞋柜与餐桌区域的灯光搭配

运用"四象限法"前需确定视垂面。当居住者在客厅时，会注意到右图中A、B、C、D 4个区域的灯光设计效果是否舒适和美观。下面就按顺序对这4个区域的氛围灯设计依次进行说明。

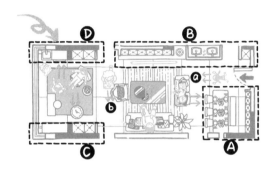

左图所示为从客厅沙发位置看向餐厅的视垂面。将这个平面划分为a、b、c、d 4个象限后，只需要在其中任意3个象限设置辅光源或者点光源，就可以让设计效果倍增。

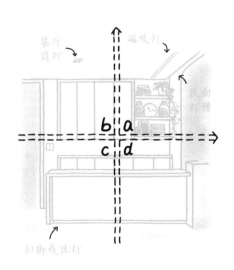

由于餐桌的扫脚灯是线条状的，且横跨了c与d两个象限。因此，在象限c和d必选的情况下，再在a或b象限进行光源补充即可。

◆ 鞋柜的氛围灯光设计

此处的鞋柜与前面介绍的方案里的鞋柜款式不一样。为了便于灯光设计，以及让鞋柜更方便使用，这里将连体鞋柜拆分为上、下两个柜子，且将上面吊柜的一部分柜体改为开放格。

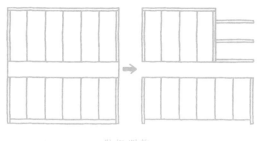

鞋柜调整

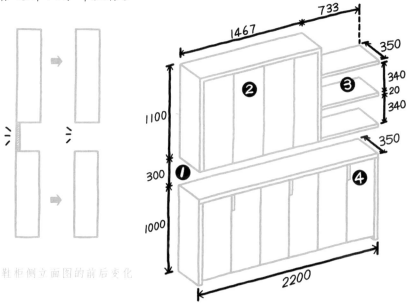

鞋柜侧立面图的前后变化

①鞋柜侧立面和之前的略有不同。之前的鞋柜有背板将上、下两部分柜体连接在一起，现在的鞋柜上、下两个柜体中间无背板作连接，以便与上部柜体的开放格呼应。

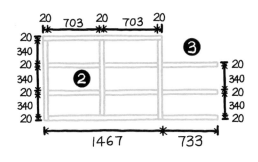

20 703 20 703 20

20
340
20 ❷ ③
340
20
340
20

20
340
20
340
20
340
20

1467 733

上方柜子内部结构

② 鞋柜上方的柜子用作储物柜。如果有必要，也可以收纳换季的鞋子。

③ 这里做成开放格，作为餐厅功能区之一，用来摆放常拿取的物品。

④ 下方柜子专门用来收纳鞋子。

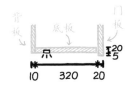

侧板　底板　门板

10　320　20

鞋柜侧面剖切图（中部）

左图是鞋柜中部侧面剖切图。上部柜子底板下暗藏线形灯带，其安装细节可参考前面所讲的相关内容。

上方柜子的门板向下延伸5mm，便于打开柜门，不需要另做拉手，以体现极简设计理念。

⑤ 顶层开放格的照明可由磁吸轨道灯及吊顶的反光提供。

⑥ 底层开放格层板也是上方柜子的底板。

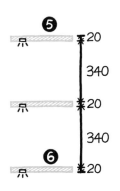

❺ 20

340

20

340

❻ 20

开放格侧剖面图

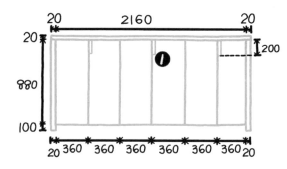

① 鞋柜下方柜子的柜门也设计成无拉手的，体现极简设计理念。

下方柜子的正立面图

② 可在一对柜门的右边门扇的左上角设计一个凹槽，手指放进凹槽内，就能轻松打开柜门。

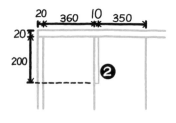

柜门细节

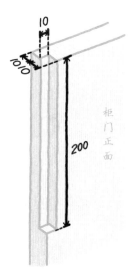

柜门正面

柜门上凹槽细节

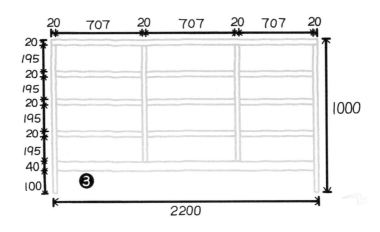

③下方柜子内部的层板都可以做成活动层板，改变层板的安放位置即可调整层格高度。柜子底板从正面看上去厚度是40mm，而实际厚度是20mm，底部安装了线形灯带。

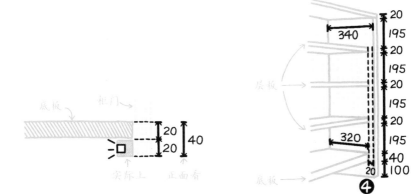

④层板和底板的宽度比侧板短20mm，便于安装柜门。

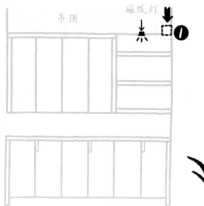

①鞋柜开放格上方已有磁吸灯照明，还可以在右上方的吊顶上设计反向灯槽并安装灯带，以辅助主光源营造氛围。

鞋柜正立面

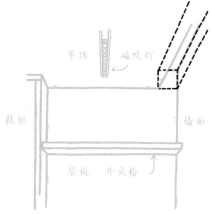

反向灯槽位置示意图

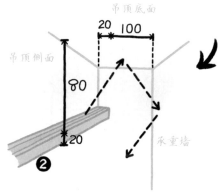

灯带安装示意图

②灯带安装在这里，让灯光经过吊顶漫反射后照射到下面的空间，这样的设计能让灯光看起来更加柔和。

◆ 餐桌的氛围灯光设计

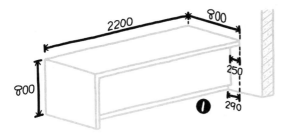

① 餐桌面向客厅的一面设置了扫脚灯，扫脚灯与台面边沿之间的水平距离为290mm，而台面下的容膝空间的宽度为250mm。

餐桌结构图1

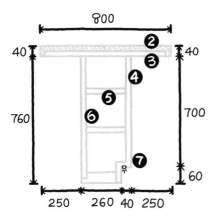

餐桌剖面图

② 石材台面。

③ 木板基层。

④ 背板。

⑤ 层板。

⑥ 柜门。

台面细节

扫脚灯细节

⑦ 扫脚灯。

⑧ 餐桌面向鞋柜的一面设计成收纳柜，柜门做无拉手设计。

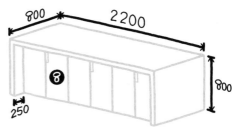

餐桌结构图2

◆ 玄关收纳柜

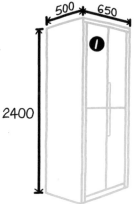

500 650

2400

收纳柜外部尺寸

① 这是摆放在进门右手边的收纳柜。为了能够和电视背景墙平齐，收纳柜的厚度设计为500mm，这使它可以作为大件收纳柜使用。

② 同样设计成无拉手式柜门。

20
1180
1140
60
400
400
20 305 305 20

收纳柜正立面图

650
20
20
273
20
273
20
272
20
272
20
263
20
262
20
263
20
262
20
60
2400
20 610 20

收纳柜内部结构

③ 内部结构是这样的，中间两块层板是固定的，其他层板可以做成可抽取的活动层板。

◆ 电视背景墙和装饰墙氛围灯光设计

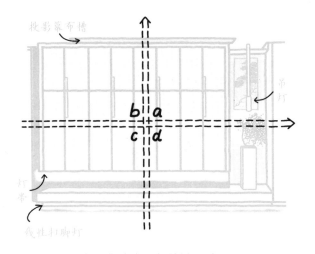

投影幕布槽

吊灯

b a
c d

灯带

线性扫脚灯

电视背景墙四象限分析图

左图所示为电视背景墙，将其看作一个面并划分为4个象限。由于b象限中没有设置光源的条件，因此只能在a、c、d象限中补充光源。这里补充的是吊灯和线形扫脚灯。

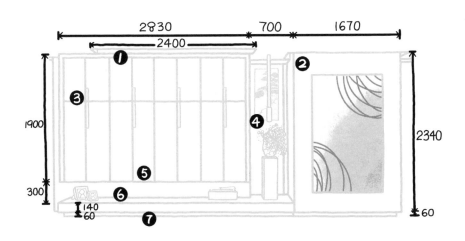

①投影幕布槽设置在吊顶里，观影时可把幕布放下来，不观影时把幕布收上去，不影响电视柜的使用。

②反向灯槽。它和鞋柜右上方的反向灯槽一样，安装了灯带后不仅提升了空间光感，还能产生拉伸层高的视觉效果，让空间的视野更开阔。从装饰墙的右下方抬头往上看，能看到反向灯槽呈C形。此处反向灯槽的做法和鞋柜右上方的反向灯槽做法是一样的。

③无拉手柜门。

④向景观盆栽后方看，能看到卫生间墙面，这样设计是为了让客厅的视野更开阔。

⑤柜子下面可以安装灯带，用来照亮地台上的空间。

⑥地台上可以摆放一些小型装饰摆件。

⑦地台底下设置弧形扫脚灯。

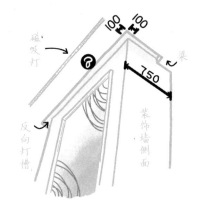

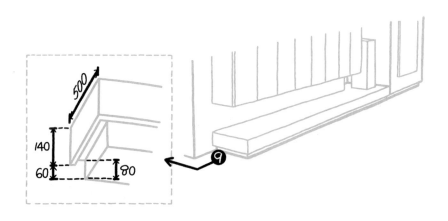

从侧下方看地台底下的灯槽

◆ 电视柜的氛围灯光设计

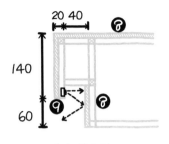

地台剖面图

⑧地台面板的纹饰需要和装饰墙的统一，以达到整体性设计的效果。

⑨灯光打到面板上，经过面板漫反射后看起来更加柔和。

⑩无拉手柜门。

⑦电视柜下排柜门实际上能从柜门底部打开。但因柜门底部位置太矮，开柜门时需要弯腰，不方便，所以为下排柜门和上排柜门做一体式的凹槽式拉手。

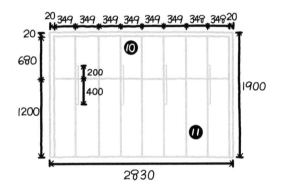

电视柜正立面图

⑫柜背面。

⑬柜正面。

⑭灯带的安装细节可参考前面所讲的相关内容。

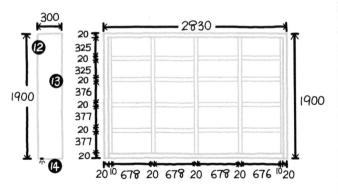

电视柜内部结构

◆ 休闲区收纳柜的氛围灯光设计

右图所示为从洗衣区看向阳台收纳柜的视垂面。这里选择在a、b、d3个象限内补充光源。

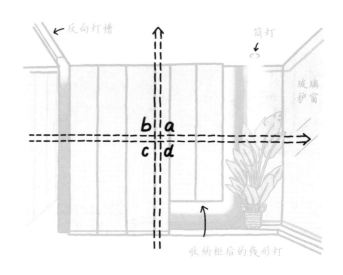

← 反向灯槽

筒灯

玻璃护窗

b a
c d

收纳柜后的线形灯

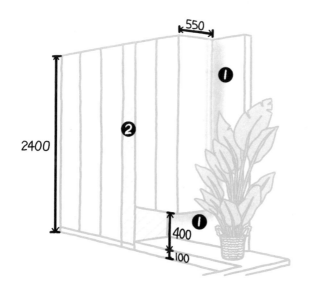

550

2400

❶

❷

❶

400

100

收纳柜立体图

从视垂面图中可以看出，位于b、c象限的收纳柜是落地式的，位于a、d象限的收纳柜是悬空式的，下方有地台，地台上可装饰摆件。

①为了达到设计效果，可以在悬空式收纳柜的右边和下面安装灯带，营造氛围。

②墙垛。墙垛位于两个柜子之间，为了使两个柜子看上去是一个整体，柜门全部做成外盖式的，并且墙垛上要贴上饰面板，其纹饰、材质等都要与柜门的统一。

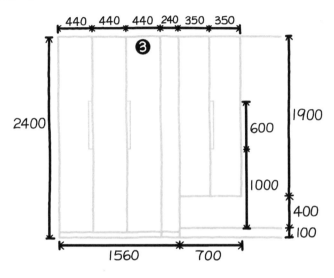

收纳柜正立面图

③柜门顶部和吊顶之间有10mm宽的缝隙，这样设计是为了避免打开柜门时碰到吊顶。

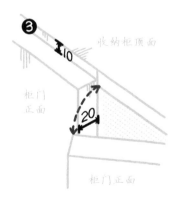

柜子顶部细节

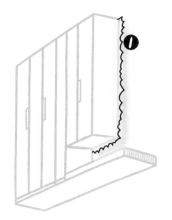

①线形灯安装在此处。

②柜子内部可以安装洞洞板，这样可以挂很多小物件，将柜子专门作为家政柜来使用。

轨道插座

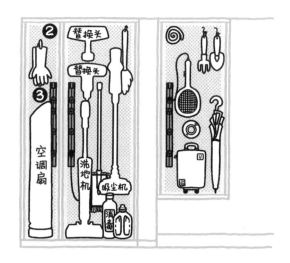

③在洞洞板上安装可移动轨道插座，便于给电器充电。

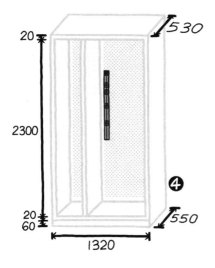

20

2300

20
60

530

1320

550

④

悬挂式收纳柜内部结构

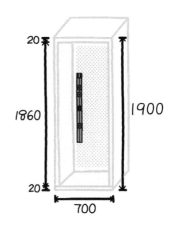

20

1860

1900

20

700

其它式收纳柜内部结构

④ 柜门采用外盖式设计。柜体的主体部分比底座窄20mm。

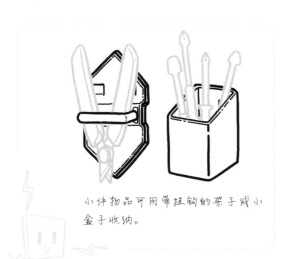

小件物品可用带挂钩的架子或小盒子收纳。

530

10

550

④

收纳柜侧立面图

◆ 洗衣区灯光设计

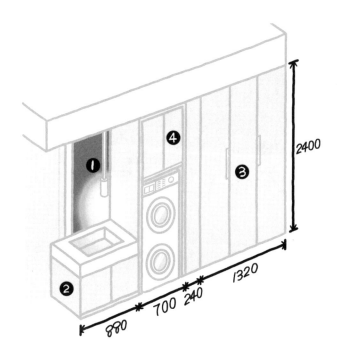

①洗衣槽上方做
一个小吊灯，用
于日常补光。

②设置洗衣槽，
便于日常手洗一
些贴身衣物。

③这个收纳柜的
尺寸与前面介绍
的落地式收纳柜
的相同。

④洗衣机柜因放置了洗
衣机和烘干机而无法与
旁边的收纳柜及墙体做
成一个整体。洗衣机的
上方做收纳柜。

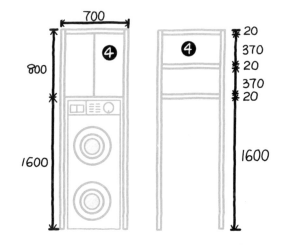

◆ 玄关视角

这里还有两个视
角：一个是从玄关往
客厅看，另一个是从
电视柜摆放处往沙发
摆放处看。

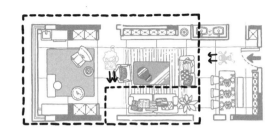

玄关视角下的视垂面四象限划分如下图所示。

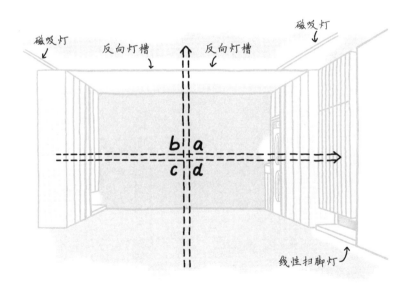

　　磁吸灯是主光源，还需要选3个象限进行辅光源设计，可
选择a、b、d象限。a、b象限设计反向灯槽，灯槽从鞋柜右上方
向客厅方向延伸，经过沙发上方到达休闲区。

◆ 沙发区氛围灯设计

沙发摆放区的氛围灯设计以发挥配合作用为主。沙发上方的反向灯槽连接了餐厅及客厅中部吊顶上的反向灯槽,三者构成一个大的L形反向灯槽,其与装饰墙上方的反向灯槽作用一样。安装了灯带后,既能增强空间的光感,又能产生拉伸层高的视觉效果。

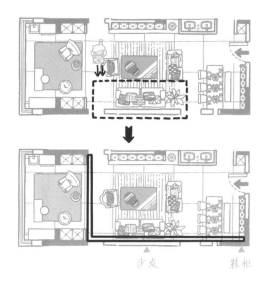

沙发   鞋柜

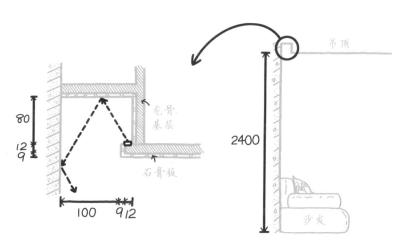

反向灯槽安装位置示意图

◆ 休闲区氛围灯设计

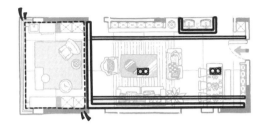

　　除休闲区外，客餐厅其他区域的吊顶上也安装了反向灯槽磁吸轨道灯与筒灯。

　　休闲区用石膏板做吊顶，吊顶上没做灯光设计。可在此处打造星空效果，以提升趣味性。

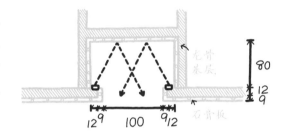

反向灯槽安装位置示意图

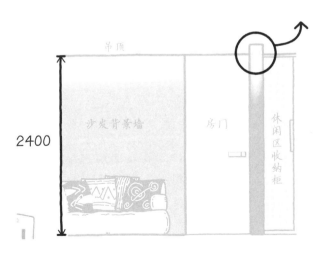

　　鞋柜右上方和沙发上方的反向灯槽中都只安装了一条灯带，而与休闲区相邻的反向灯槽中安装了两条灯带。

星空投影仪

夜晚，躺在休闲区的沙发椅上，在旁边的小桌子上做一个星空投影仪，就可以仰望星空了。

网络环境的关护空间设计

大家有过这样的经历吗？当你坐在客厅时网络正常，但是到了卧室后，网络信号就变差。

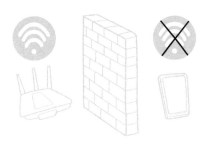

要想解决这个问题，得先了解网络信号传输的基本原理。

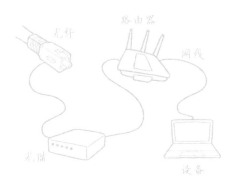

网络信号先通过光纤以光信号的形式从基站传输到住宅楼里，然后由"光猫"进行信号转换，接着由路由器将网络数据以有线和无线两种形式传输给用户设备。如选择有线形式，那还得使用网线连接路由器与用户设备。

光纤 → 光猫 → 路由器 → 网线 → 用户设备，这是正常情况下的连接顺序。光纤、光猫通常都放在弱电箱里。路由器放置处不固定，但常见的做法也是将其放置在弱电箱。

路由器有若干LAN接口，用于连接网络终端设备。如果使用网线连接，网络信号通常比较稳定。但如果使用的是无线网络，网络终端设备离路由器越近，网络信号就越强；反之，信号就越弱。

下面结合实际案例来详细介绍一下网络环境的关护空间设计。

这是一套面积约为158m²的三室两厅两卫的住宅，它的原始户型图如下。

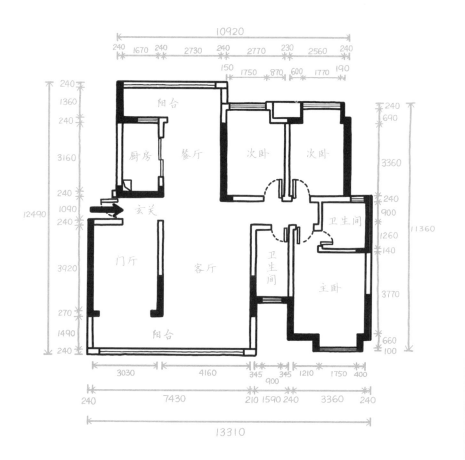

经过改造，房屋被打造成了房主的"幸福港湾"。

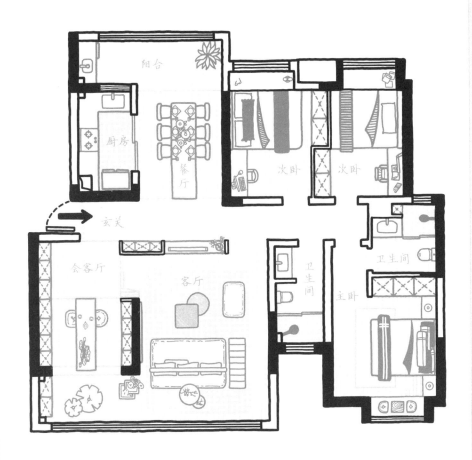

　　一般来说，弱电箱会设置在玄关。从图中可以看出，玄关与主卧之间有一段距离。如果将路由器放置在玄关，餐厅与客厅的无线网络信号是较强的，而离路由器较远的卧室的无线网络信号则较弱。

下面结合右图来分析一下房屋内的网络布置。位置①设有弱电箱，如果将路由器放在弱电箱里，那么3个卧室，特别是主卧的无线网络信号会明显较弱，甚至出现断网或无网的情况。

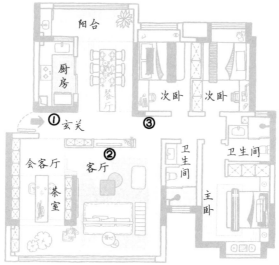

如果将路由器放在位置②（电视柜上），无线网络信号强度的分布情况会与将路由器放在位置①时的一样。

如果将路由器放在位置③，不少人会认为卧室里的无线网络信号是较强的。但实际上由于墙体的阻隔，卧室里的无线网络信号也是比较弱的。

为避免因距离远和墙体阻隔而导致的无线网络信号变弱问题的出现，这里提供两个解决方案。

1.如果是对新房进行初次设计，推荐用AC+AP有线组网。

2.如果是对旧房进行改造，在没有预先布线的情况下，推荐用Mesh无线组网。

右图所示的是AC+AP有线组网。光纤接入光猫，光猫与路由器之间通过网线连接，路由器分出网线接入位于不同空间的AP面板。AP面板带有Wi-Fi功能，AP面板在哪，哪就有Wi-Fi发射点。

光猫和AC路由器都需要接通电源，所以需要在弱电箱里预留电源插口，AP面板不需要接通电源，只需要通过预埋好的网线与AC路由器连接。AP面板上有网线接口，可以插入网线，连接其他网络终端设备。

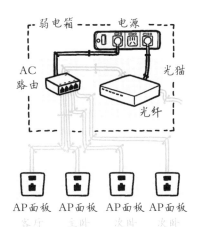

弱电箱设置在位置①，光猫放在弱电箱里。网线接到位置②的电视柜处，此处位于客厅和餐厅之间，可放置AC路由器，这样Wi-Fi信号就可覆盖客餐厅。AC路由器分出3根网线分别接到③④⑤的位置，③④⑤处都配置了独立的AP面板，它们能为对应的房间提供Wi-Fi信号。其中③④处的AP面板上有网线接口，可插网线连接网络终端设备。

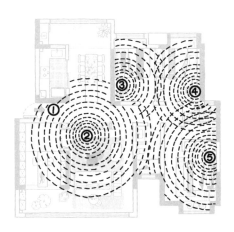

Mesh无线组网

Mesh无线组网和AC+AP有线组网最大的区别就是前者的路由器传输网络信号没有通过网线。光纤同样直接接入光猫，光猫与主路由器之间通过网线连接，主路由器通过发射信号与副路由器进行连接。

由于主路由器和副路由器是通过信号连接的，并且副路由器需要放置在能增强网络信号的地方。因此，主路由器与副路由器之间最好只隔一堵墙或者相隔10米以内，以降低信号衰减幅度。

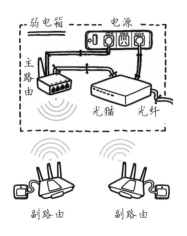

副路由 　　　副路由

位置①的弱电箱中放置光猫和主路由器。主路由器发射的信号基本上可以覆盖整个客餐厅。在主过道尽头位置②处放置副路由器，其可通过信号与主路由器信号连接，所发射的wi-fi信号可覆盖3个卧室。副路由器需要接通电源，所以需要在位置②处或其附近设置电源插口。

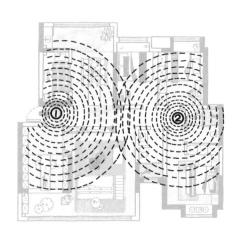

空气环境的关护空间设计

说到居家空气环境，我们很容易就会想到室内温度与空气净化这两个方面的需求。为了满足这两方面的需求，很多家庭会选择无外露管线的中央空调并搭配新风系统，以使室内空气更洁净。

先说说中央空调的两种送回风方式：侧送下回和下送下回。

侧送下回：风直接从室内机侧面送出，再从室内机底部回风口收回。这种方式适用于局部吊顶。

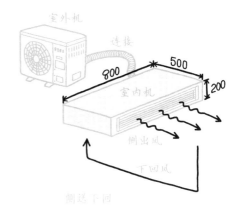

室外机　连接
800　500　200
室内机
侧出风
下回风
侧送下回

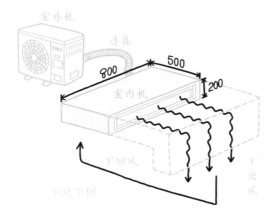

室外机　连接
800　500　200
室内机
下回风
下出风
下送下回

下送下回：风从加长管道的底部出风口送出，再从室内机底部回风口收回。这种方式适合全屋吊顶。

下面结合具体案例来介绍一下空气环境的关护空间设计。

这是一套面积约为186m²的四室两厅两卫的住宅，它的原始户型图如下。

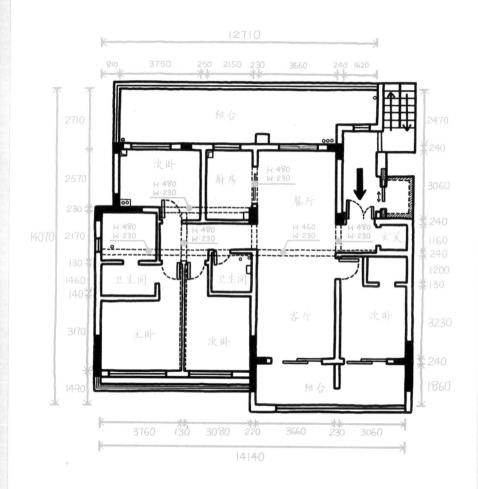

经过改造，房屋格局变成了三室两厅、一个阅读区和一个茶室，空间利用更合理，功能更齐全，空间设计高端大气。

在这样的户型里，中央空调该怎么配置呢？

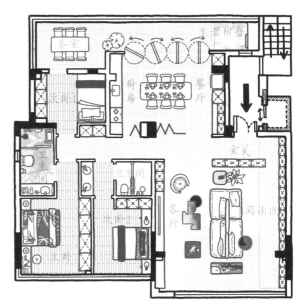

改造后的房屋平面图

首先列举一下需要使用空调的区域。这套房屋中需要使用空调的区域有5个：客厅、餐厅、主卧、次卧1和次卧2。5个区域的面积、吊顶结构不一，因此中央空调的位置与送风形式也不尽相同。特别是梁的位置，对中央空调室内机的放置影响较大，在设计前要先对梁进行观察。左图中的黑色双虚

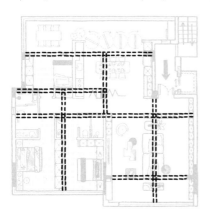

线代表的是梁所在的位置。如果不做吊顶，梁会裸露在外面，而中央空调室内机是需要藏在吊顶里的，所以要做吊顶。

那该选择平顶还是局部吊顶呢？中央空调的送回风方式是侧送下回，还是下送下回呢？下面就一处一处细说。

客厅空调设计

按顺序先从客厅说起。右图展示了客厅区域的尺寸与梁的数量及位置。从图中能看出有3条梁经过客厅区域，且有一条梁横跨客厅中部。所以，客厅区域比较适合做平顶。而平顶决定了空调的送回风方式只能是下送下回。

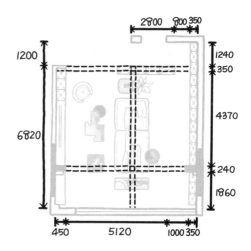

下面是从阳台看向客厅的透视图。因做了平顶，梁已被遮盖。图中的黑色双虚线代表梁的位置。从图中可以看到，梁将吊顶分成了①②③3个区域。区域③属于原结构中的阳台区域，不考虑将送风口安排到此区域。剩下的①②区域都是可考虑的。但要注意送风口不能正对着下方的沙发。

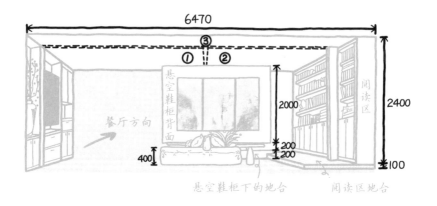

室内机安装在沙发上方，送风口位于电视柜前上方的吊顶。室内机送风口由送风管道连接，可将送风口、回风口、检修口设计成长条形，作为吊顶装饰，更加美观。

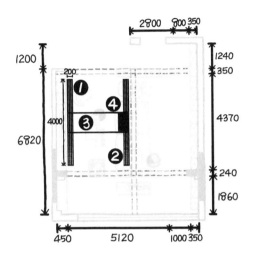

① 送风口。

② 检修口。

③ 加长管道。

④ 室内机。

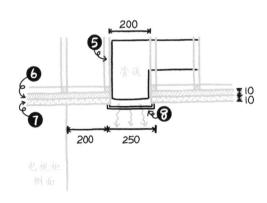

送风口处的吊顶剖面图

⑤ 龙骨。

⑥ 大芯板（底板）。

⑦ 石膏板（面板）。

⑧ 格栅。

从下图中能看到，A区实现了空调冷（暖）风的下送下回。但由于回风口在沙发的上方，冷（暖）风到达沙发处后就被吸回，因此B区（阅读区）无冷（暖）风输送。想要解决这个问题，可在B区也安装一台室内机，并采用同样的设计，这样能使客厅中的冷（暖）气分布更加均衡。

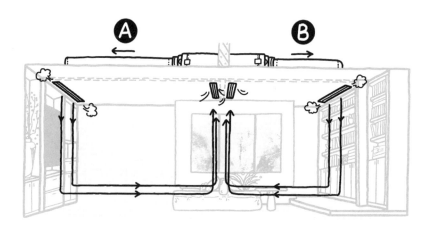

如果觉得安装两台室内机成本较高，可以参考另一种做法。

① 大小为300mm × 300mm的格栅，共4个。

② 送风管道。

③ 室内机。

④ 检修口（回风口）。

⑤ 梁上开孔处。

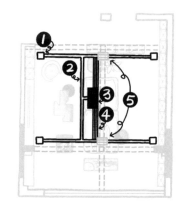

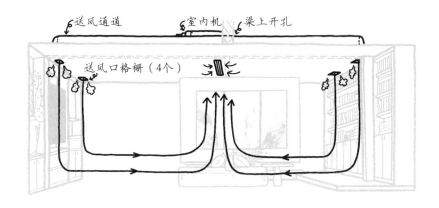

送风通道　　　室内机　梁上开孔

送风口格栅（4个）

　　将A、B两区看作一个整体，在吊顶的4个角分别设计一个大小为300mm×300mm的送风口格栅，室内机仍设置在沙发上方的吊顶里，检修口（回风口）还是位于沙发上方吊顶处。送风管道呈"工"字形，连接送风口和室内机。这样，冷（暖）气从单个室内机送出，经由送风管道到达各个送风口，同样能实现客厅冷（暖）气分布均衡。

　　这种单个室内机下送下回的中央空调设计方式同样可以运用在餐厨区域。餐厨区域也有多条梁经过，因此需要做平顶。然后就可参考上述方式设置中央空调。

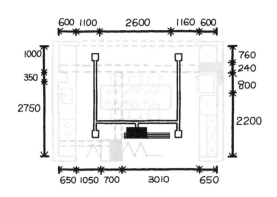

有些空间并没有多条梁经过，因此不需要做平顶，可做局部吊顶。中央空调与局部吊顶搭配时，可采用侧送下回的送回风方式。从下面的次卧平面图中可以看出，并没有梁从此空间经过，因此可在门洞和衣柜上方做局部吊顶，将室内机藏在里面。

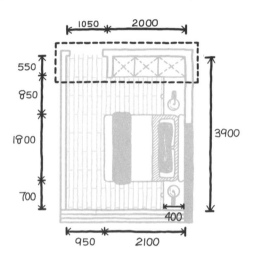

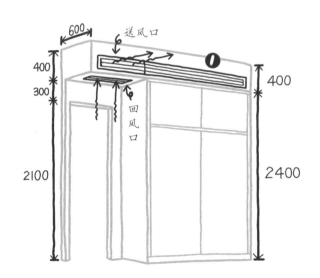

①为了让送风口看起来更美观，可将格栅设计成长条形的并适当加长。这样，格栅看上去像是吊顶的装饰。

新风系统设计

接下来说说新风系统。都说新风系统能净化空气，那究竟是净化室内空气，还是净化从室外导入室内的空气呢？下面就先介绍一下新风系统的工作原理。

新风系统的主机从风口①处吸入室外空气，室外空气经过主机处理净化后，由管道②输送到室内空间。而室内空气经由管道③被吸入主机，再经出口④被排到室外。

新风系统的主机在整个使用过程中，既要净化进入室内的室外空气，也要吸入并排出室内空气，任务繁重。所以，主机的性能和质量非常重要。可以选择安装双主机新风系统，一台主机负责进气，另一台主机负责排气。

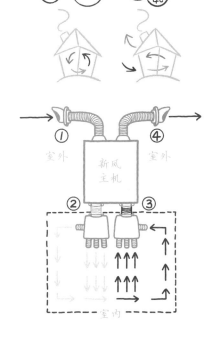

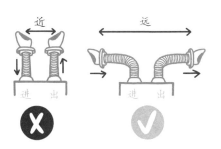

需要注意的是，室外的进气口和排气口最好保持一定的距离，防止刚排出的气体被进气口吸进去。

下面结合实际案例介绍一下房屋内的新风系统设计。左图中，区域①是厨房，区域②是公用卫生间，区域③是主卫生间，区域④是生活阳台。家庭新风系统的主机，一般安装在上述4个区域比较合适。一是因为这4个区域对层高要求不高，二是因为这4个区域的吊顶如果是扣板，非常便于对主机进行维修。

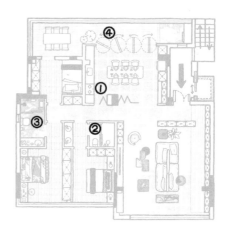

在这个案例中，餐厅和厨房采用一体化设计，营造出一种视野宽阔的感觉。①④两个区域比较适合做石膏板吊顶，②③两个区域做扣板吊顶，所以这两个区域更适合放置新风系统的主机。下图所示为单一主机新风系统设计方案，图中虚线代表管道。

排气口设计在主卫生间的外墙上。室内空气先进入位于公用卫生间的主机，再由主卫生间的排气孔排到室外。

进气口设计在次卧的外墙上。室外空气先进入位于公用卫生间的主机，再由管道输送到各个空间。

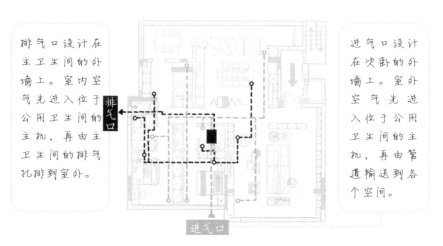

单一主机，集进气、排气于一体

右图所示为双主机新风系统设计方案。要注意的是，进气口和排气口之间需保持一定的距离。图中虚线代表管道，仅示意气体输送的路径，实际上管道的具体铺设方案应结合房屋结构来定，依据就近原则保证管道尽可能短。

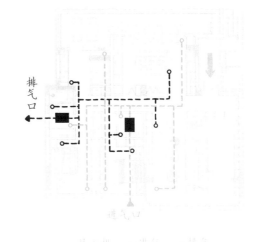

排气口

进气口

双主机，一排气，一排气

以上两种方案都是将新风系统的主机藏在吊顶里。如果卫生间的层高是2.8米，且不包括下沉高度，那以上两种方案是可行的。但如果卫生间的层高是2.8米，且包括了0.3~0.4米的下沉高度，那这样的卫生间就不适合将主机藏在吊顶里。

下面图A中，卫生间没有下沉，比较适合装新风主机。图B中，卫生间是有高度为400mm的下沉空间的，且这一部分空间会被回填，所以卫生间可用空间的高度只有2400mm。如果给高度为2400mm的卫生间装新风主机，就会出现卫生间比较矮且卫生间与过道连通管道不方便的问题。

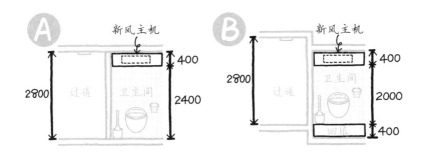

当没有吊顶时，可以将吊顶式新风主机换成柜式新风主机。主机可放在客厅靠窗位置，并藏在柜子里，柜子至少为600mm深，否则放不下主机。这个做法很适合没有吊顶或吊顶高度不适合藏主机的情况。

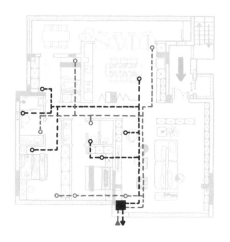

新风系统（柜式主机）设计示意图

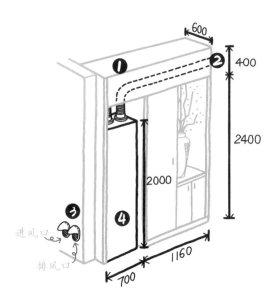

① 吊顶。

② 送风管道。

③ 外墙开孔处。

④ 柜式新风主机。为了美观，可做与旁边柜子平齐的柜门，将主机遮挡起来。

这样的设计同样存在缺点：进风口与排风口位置相邻，容易导致室内空气被重复吸入主机。

整体装配卫浴的环境空间设计

卫生间中的霉菌、细菌、虫卵等一直困扰着人们。卫生间装修设计在住宅装修设计中算是比较复杂的。我们可能会遇到回填层凹陷、瓷砖缝隙发霉、收纳空间不足、卫浴五金更换不方便、漏水、瓷砖破损、水管破裂等问题。

凹陷　　霉

生锈　　漏水　　瓷砖破损

在上述多种问题中，有些问题想要彻底解决，就得将卫生间翻新一遍。不仅难度大、成本高，还影响生活、耗费精力。想要维修起来成本低且比较容易，建议采用整体卫浴的方案。

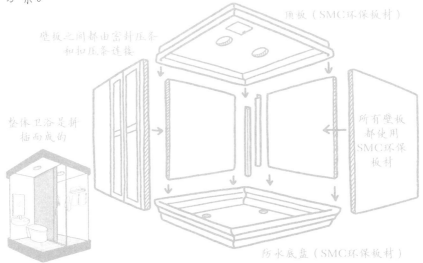

壁板之间都由密封压条和扣压条连接

顶板（SMC环保板材）

整体卫浴是拼插而成的

所有壁板都使用SMC环保板材

防水底盘（SMC环保板材）

整体卫浴的除菌新变革

下面结合具体的案例来介绍一下整体卫浴。

这是一套68m²的三室一厅住宅，下面是它的原始户型图。

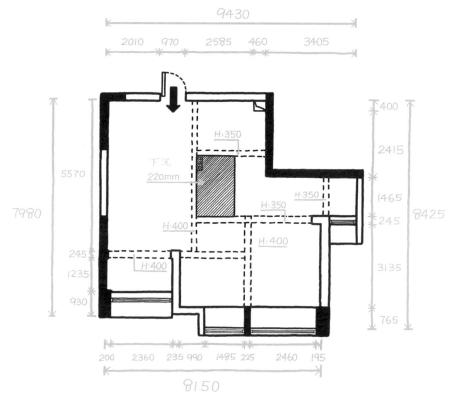

==== 表示梁

从图中可看出，屋内的梁较多，需要做吊顶以保证美观。卫生间下沉220mm，在安装防水底盘前要确保地面平整，底盘的底座也要调整平衡。

原户型结构比较简单，经过精心设计，68m²的房子也能规划出两个卧室、一个书房、一个餐厅、一个客厅、一个厨房与一个干湿分区的卫生间。

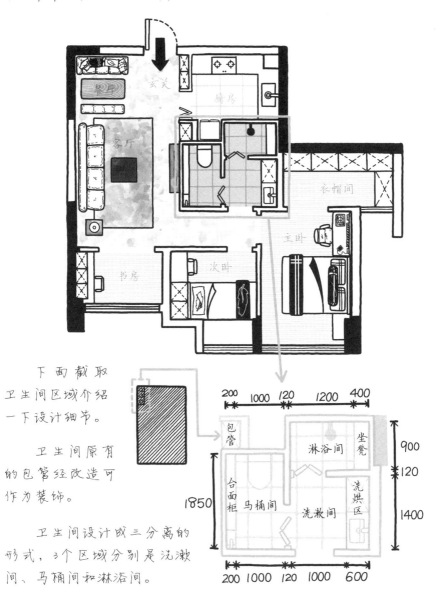

下面截取卫生间区域介绍一下设计细节。

卫生间原有的包管经改造可作为装饰。

卫生间设计成三分离的形式，3个区域分别是洗漱间、马桶间和淋浴间。

整体卫浴设计

◆ 洗漱间

卫生间里的3个区域的地面抬高150mm,便于排水。

洗漱间顶部可以预埋水管,把水管藏在顶板上方的吊顶里。

无论是洗漱间、马桶间,还是淋浴间,给水管都是预埋在顶板上方的吊顶里的,排水管都是预埋在地面抬高里的。

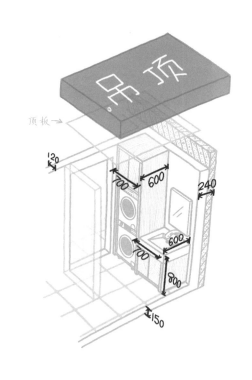

在下页图中,水通过给水管道到达卫生间的每一个用水处,绿色斜线部分表示的墙体是由定制的墙板通过无缝拼接组装而成的,自带防水功能,不需要另外做防水。隐藏在吊顶里的给水管穿过定制墙体到达需要用水的点位,达到送水目的。

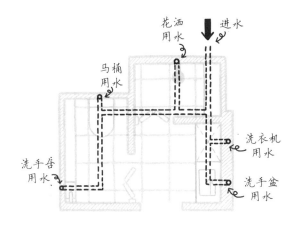

花洒
用水

进水

马桶
用水

洗衣机
用水

洗手台
用水

洗手盆
用水

※一般的定制墙板由两层板材对合而成，两层板材之间有60~80mm宽的间隙，以便安装水管。

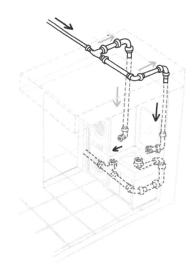

洗漱间轴侧图

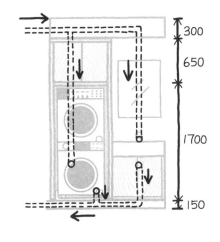

300

650

1700

150

洗漱间立面图

①可拆卸的吊顶，给水管会从里面经过。

②给水管穿过定制墙板内部，把水输送到每个需要用水的点位。

③洗衣机用水点位。

④洗手盆用水点位。

⑤地面抬高里布有排水管，可将污水排到马桶间的主排污管。

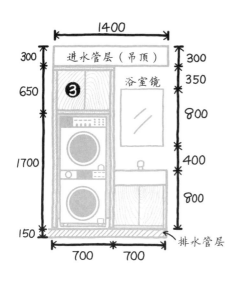

1400

300 进水管层（吊顶） 300

350

650 ❸ 浴室镜

800

1700 400

800

150 排水管层

700 700

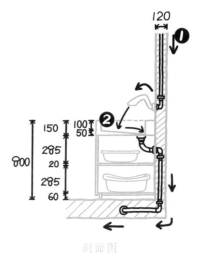

120

❶

150 100
50 ❷
285
800 20
285
60

剖面图

① 给水管穿过墙板内部的空隙到达出水口位置。

② 斜面洗手盆，它的排水口位于靠近墙板的一侧，可使下方的排水弯管以最短距离连接到墙板里的下水管，减小排水弯管所占用的空间。这样，台盆柜里的收纳空间可少受排水弯管的影响。

③ 洗衣柜可放备用的牙刷、牙膏、毛巾、洗涤用品等。

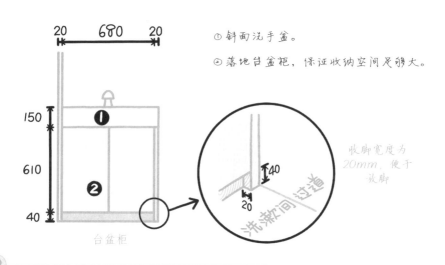

20 680 20

150 ❶

610 ❷

40

台盆柜

① 斜面洗手盆。

② 落地台盆柜，保证收纳空间足够大。

40
20
洗漱间过道

收脚宽度为20mm，便于放脚

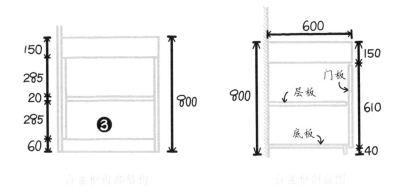

150
285
20
285
60

800

❸

台盆柜内部结构

600
150
610
40

800

门板
层板
底板

台盆柜剖面图

③可在这里存放备用的脸盆、脚盆。

台盆柜右侧的墙体上可设毛巾杆凹槽，内部装上毛巾杆后可挂毛巾，这样就不会影响镜子的使用。

60

120

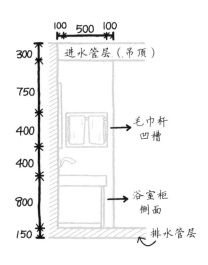

100 500 100

300
750
400
400
800
150

进水管层 (吊顶)

毛巾杆凹槽

浴室柜侧面

排水管层

◆ 马桶间

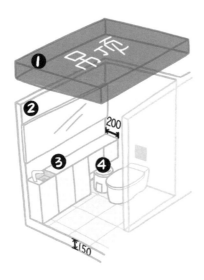

① 吊顶中预埋水管。

② 定制的防水墙板。

③ 台面柜带有小洗手盆，可以洗
手。柜内可收纳备用的厕纸等卫生
间用品。

④ 垃圾桶放置处。

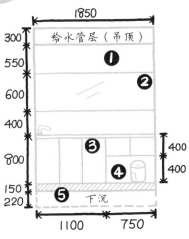

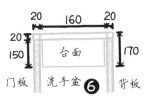
洗手盆剖面图

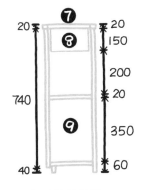
台面柜剖面图

① 定制的防水墙板。有多种纹饰可选。

② 长镜子。

③ 台面柜。

④ 垃圾桶摆放处。

⑤ 排水管层。

⑥ 洗手盆。挨着门板和背板安装，保证宽度达160mm。

⑦ 台面。

⑧ 上层置物区。

⑨ 下层置物区。

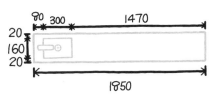
台面柜平面图

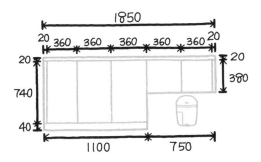
台面柜立面图

◆ 淋浴间

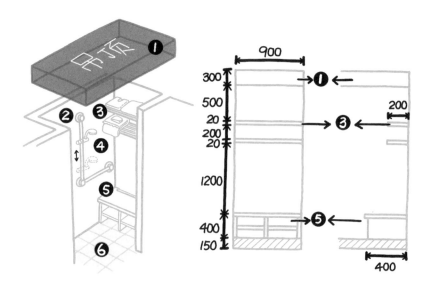

①给水管层（吊顶）。

②可调节手提花洒高度的淋浴支撑架是L形的。竖向支撑架上的花洒支撑座的高度可以调节，既可满足站着洗的需求，又可满足坐着洗的需求。横向支撑架是一个扶手，坐着的人可扶着支撑架站起来。

③放置换洗衣物的层板架。

④防水墙板。

⑤坐凳。有了坐凳，平时洗脚时就可以坐着洗了。

⑥防水模压地板。

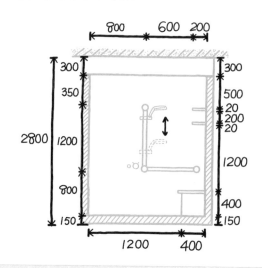

淋浴间坐凳

① 镂空水槽，水可从这里流到地板上。

② 坐凳凳面有一定的坡度，可以使凳面上的水流入水槽中。

③ 浴室拖鞋放置处。

④ 凳面下方的支撑板往里收 40mm，便于放脚。

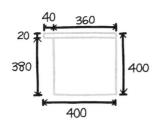

坐凳侧面图

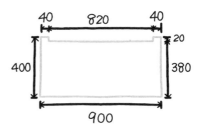

坐凳平面图

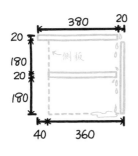

坐凳剖面图

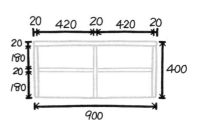

坐凳正立面图

◆ 整体防水细节

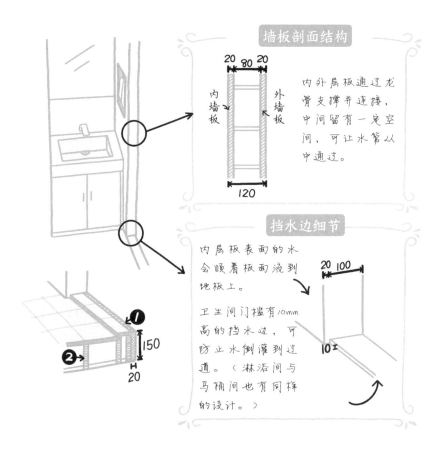

墙板剖面结构

20 80 20

内墙板

外墙板

120

内外层板通过龙骨支撑并连接，中间留有一定空间，可让水管从中通过。

挡水边细节

内层板表面的水会顺着板面流到地板上。

卫生间门槛有10mm高的挡水边，可防止水倒灌到过道。（淋浴间与马桶间也有同样的设计。）

20 100

10

1

150

2

H 20

① 外侧隔板看作墙板，它把整个底盘侧面包裹了起来。

② 龙骨架空层，里面可走排水管。

③ 防水地板。

④ 支撑防水的龙骨。

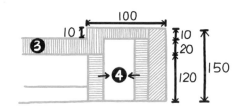

100

10

3

10

20

120

150

4

◆ 照明、换气、地漏

底板除了防漏水，还能将落于表面的水引到地漏处。3个空间都有地漏，方便排水。

地漏位置示意图

顶板预留照明与换气设备槽位，电线及排气管道藏在吊顶里。每个空间都有独立照明，淋浴间和马桶间分别设有换气装置（可与新风系统搭配使用），便于通风和换气。

⏚ 照明设备位
⊜ 换气装置位

照明、换气位置示意图

安装整体卫浴就像拼插积木。先量好尺寸，开模做好各个拼装小部件，几个小时就可在施工现场装好一个卫生间。整体卫浴维修起来方便、快捷，只要确认好需维修的地方，将对应的墙板拆卸，打开预留在顶板的维修口即可进行维修。修好后再拼装起来就可继续使用，节省维修费用。

适老、适患空间的关怀设计

岁月催人老，时光飞逝的痕迹留在父母的双鬓、腰背、双膝……我们总感慨：成长的脚步赶不上父母老去的速度。想多陪伴父母，却总被工作与生活所累。等终于空闲下来后才发现，父母早已年迈，去哪儿都不方便，只有最熟识的地方——家，才是他们待着最舒适、最自在的地方。

适老化设计的住宅承载了孩子对父母的爱意，孩子们借适老化设计表陪伴之意。让父母在自己家里体会处处能得到体贴照顾的感觉，实现在家中养护身体，生活自理的幸福心愿。

同样，身体残疾或患有某些疾病的人士，亦有生活自理的期待。而适患化设计的出现，可让家更贴合住家疗养人士的需求。它不仅能减轻看护人的负担，也能维护病残人士的尊严，满足他们的生理、心理需求。

辞暮尔尔，烟火年年，献上属于至亲家人的关护人居

居家住宅适老适患化改造，一般建议一户一方案。可根据老人或病残人士的生活习惯、健康状况、住宅的具体情况来制定具体方案。

下面结合实际案例，从无障碍、防摔防滑设计、智能监测报警系统设计和深度睡眠系统设计4个方面来详细介绍改造方案。

住宅原始户型图

原始户型图显示，这是一套89m²的三室两厅两卫的住宅。经过适老化设计改造，其中一间次卧被设计成老人房，两间卫浴合成一间，餐厅也换了位置，座位变得更宽敞了。

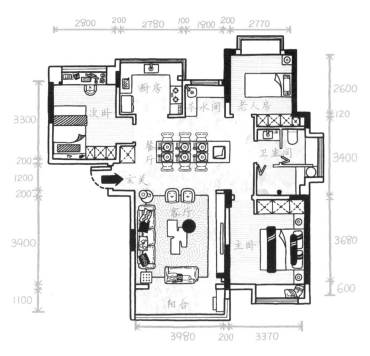

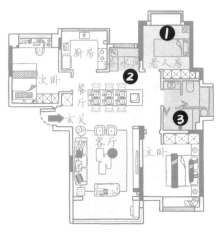

①老人房设计在靠近卫生间处，这样老人去卫生间更方便。床选用2000mm×900mm的护理床，两边过道的宽度确保达900mm，便于护理。

②新增茶水间，可在里面烧水、泡茶。

③卫生间采用三分离设计，便于多人同时使用。改造后的淋浴房空间更大，能容纳两人，便于帮助老人洗澡。

无障碍

◆ 过道

适老适弱化设计首先要关注的是被养护人在居家生活中的安全问题，想要避免这类问题出现，得从减少由各种障碍或水渍等带来的安全隐患开始。

假如被养护人腿脚不便，在行动时需有养护人或轮椅的协助，就要考虑过道是否畅通无阻。

被养护人 - - - - ➤
养护人 - - - - ➤

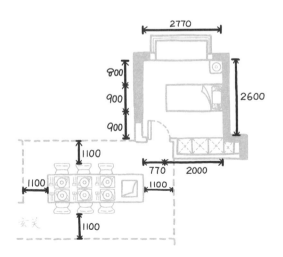

先分析养护人陪同被养护人行走的情况。当被养护人移动时，养护人在一旁搀扶，考虑到两人并进时所需过道宽度应比一个人行走时更宽，过道宽度至少应为 1100mm。

被养护人进门之后可以很方便地到达床铺的位置，而养护人因需要协助被养护人翻身，给被养护人擦药等，会产生两条动线。所以，老人房中的床铺不适合一侧靠墙摆放，而是需要将床放在房间中部，两侧都留过道。

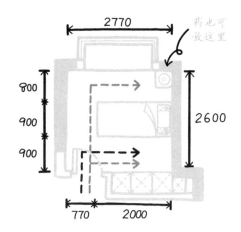

再来看看以轮椅辅助移动位置的情况。

常见的普通轮椅的尺寸为900mm（长）×700mm（宽）×900mm（高），而将轮椅从房门的位置推到床的侧边得经过一个90°转角。因此，床两侧的过道宽度需达到1100mm。

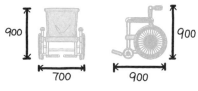

轮椅正面图　　　轮椅侧面图

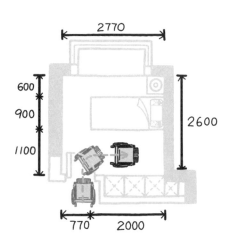

为了以最简单的方式达到目的，可以将床往靠近飘窗的位置移动，床与飘窗之间过道的宽度变为600mm。另外，床尾处的过道有770mm宽。

如果轮椅尺寸再大一点，则过道需要更宽，这样轮椅才能无障碍地顺利转向。

◆ 房门

要实现无障碍，还要考虑房门的宽度。右图所示为一个标准的门洞剖面。门扇的宽度和厚度分别是800mm和40mm，按照这个尺寸，840mm宽的毛坯门洞需要装上30mm厚的门套。这样，门洞的实际宽度只有780mm。

①门扇。 ②门套。 ③墙体。

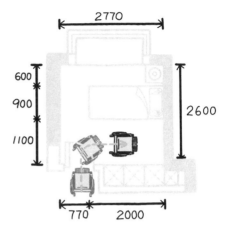

门洞剖面图

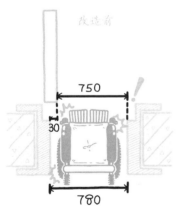

改造前

标准门洞剖面图

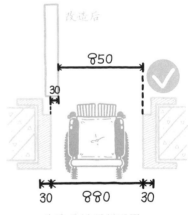

改造后

改造后门洞剖面图

当门打开时，通行空间的最小宽度在750mm左右，影响轮椅顺畅通过。

为让轮椅顺畅通过，毛坯门洞至少940mm宽，这样就可以保证安装门套后，门打开时，通行空间的最小宽度在850mm左右，非常便于700mm宽的轮椅通行。

◆ 门槛

　　房门的无障碍设计少不了对门槛进行优化。从过道到房间的门槛处，特别是门槛石与木地板的衔接处通常会加一个T形压边条。但是这样的压边条没有起到平滑过渡的作用，因为它的条面本身有3mm左右的厚度，这会导致轮椅推进来时产生颠簸感，甚至将人绊倒。对于老人和病残人士来说，这样的压边条显然是需要改进的。

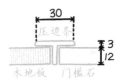

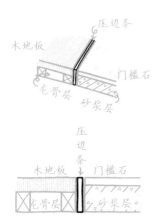

　　使用厚度只有10mm的片状压边条可以很好地优化门槛，因为它可与两边的地板保持基本平齐，既能保证美观，又能使轮椅平稳地通过。

　　可将房间地板换成下方带龙骨的实木地板，这样能大大降低被看护人在房间内摔倒后受重伤的风险。

过道上的安全隐患

◆ 桌角、椅角

除对被养护人行动路线上的过道、房门、门槛等进行无障碍设计外，过道旁的家具等物品的安全隐患问题也需要考虑。

餐桌周边的过道在居家生活中是主要过道，如果餐桌桌角是直角，则会增加被养护人撞伤的风险。

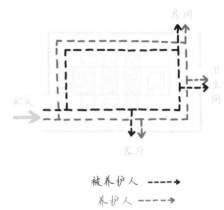

被养护人 ----→
养护人 ----→

因此，可以把桌角做成圆弧形的，也可用防撞护角、防撞条等将桌角和椅角等包裹起来。

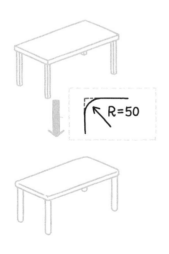

R=50

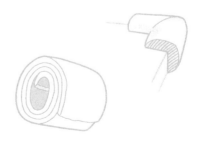

防滑

◆ 卫生间扶手

　　说到居家防滑，大多数人立即想到的必定是卫生间。卫生间里经常用水，而且容易产生积水，这就增加了滑倒的风险。所以，可以在卫生间合适的位置安装扶手，以避免滑倒。

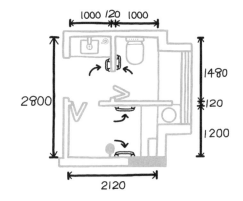

　　整体卫浴安装完成后，卫生间与过道衔接处的示意图如下所示。

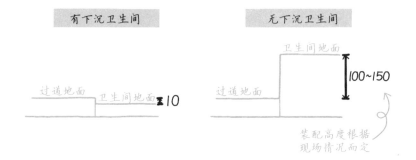

　　出于防水原因，卫生间地面与过道地面之间必然会出现高差。再加上卫生间空间有限，轮椅不方便进入，所以卫生间需要加装扶手。

扶手位置的设计需考
虑使用情境，如站起时、弯
腰时、坐下时、蹲下时，甚
至躺倒时，只要是变换体位
时，被养护人都需要借助扶
手。在洗漱间进行洗漱时，
会做出弯腰的动作，这时就
有可能出现损伤腰部的情
况。所以，在位置①设计扶

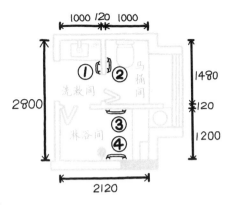

手能帮助被养护人更容易地直立起来。在马桶间上厕所时，
会做出坐或蹲的动作。所以，在位置②设计扶手同样能够达
到帮助站立、防摔的效果。淋浴间里③和④两个位置的扶手
都是用于帮助被养护人在坐着洗完澡或滑倒后站立起来的。

　　注意，扶手设计仅适合像卫生间这种不方便使用拐杖或
轮椅的空间，如果能够使用拐杖或轮椅，则尽量不做扶手，
因为设计扶手会出现多种弊端。

　　弊端1：扶手延伸到门洞
时就会被打断，没有办法连
续起来。

　　弊端2：扶手相对于墙
面是凸出来的，会占用过道
空间，影响通行。如果在墙
面上做隐形扶手，会容易藏
灰，需经常打理。

　　弊端3：为了扶手牢固，
只能在墙体上安装。

有监测和紧急报警功能的智慧家居

如果家里短期内没有养护人，该如何保证被养护人的安全呢？此时，可以利用有监测和紧急报警功能的智能产品来填补监护空缺，以便为被养护人的安全提供保障。

有监测功能的智能产品款式众多：有提供多项目监测的智能手环、智能手表、智能机器人等，有提供专项监测的血压监测仪、便携式血糖监测仪、血氧含量测量仪等，有带报警功能的产品（如摔倒报警感应器）等。

这里推荐同时具备监测与报警功能的智能产品：监测手环（手表）。

① 心率监测　② 血压监测

③ 运动量分布监测　④ 睡眠监测　⑥ 心率报警

心率监测和血压监测是指实时监测被养护人的心率和血压，可以让被养护人及养护人实时了解情况并做好救助措施。

检测手环

运动量分布监测和睡眠监测则是指监测被养护人的日常运动量和睡眠质量。

⑤ 蓝牙电话

检测手表

蓝牙电话便于被养护人在养护人不在身边时，通过智能手环给养护人打电话。（当被养护人忘记将手机带在身边，或忘记将手机放置在哪里的时候使用）

监测手环监测到被养护人心率出现异常时，会自动拨号给设定好的两个及以上的养护人，以便养护人第一时间采取应对措施。

除利用监测手环对被养护人的身体状况进行实时监测外，还可用摄像头监控的方式对被养护人进行照看。

监控摄像头

在右图所示住宅中的①②③位置分别安装监控摄像头，可以实时关注被养护人的居家情况。

位置①的摄像头可监控被养护人在卧室内的动态；位置②的摄像头可监控卫生间和过道，以及位置③的监控摄像头无法监控到的区域，可基本确保客餐厅的监控无明显死角；位置③的摄像头可监控被养护人在客厅活动时的动态。

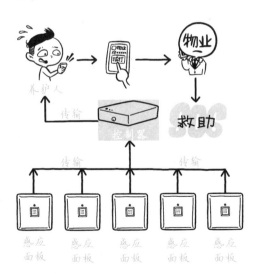

左图示意的是感应报警系统的工作原理。感应面板通过感应监测手环上有无运动轨迹的信号来判断被养护人是否需要拨号求助。

当感应到需要时，感应面板会把信号传输给中央控制器，控制器会拨号给养护人，从而使被养护人得到及时救助。如果养护人无法及时赶到被养护人身边，可以拨号给物业，以便及时实施救助。

当被养护人正常行走时，手环离地面的高度约为800mm，不会触及感应面板的监测区，所以报警拨号不会发生。

当被养护人摔倒时，手环会触及监测区，如果短时间内手环移动，那么控制器判定被养护人可自行起身，报警拨号也不会发生。

如果被养护人摔倒后，其手环在短时间内并没有移动，控制器就会判定被养护人晕倒，并会立即拨号给养护人。配合使用监控摄像头可展开更好的救助。

感应面板10个

在右图中，"●"代表感应面板的安装位置，"→"代表感应的区域方向，感应面板在被养护人常活动的客厅、餐厅、阳台、卧室、卫生间等区域实施对被养护人的监测。

让人快速进入深度睡眠的卧室

随着现代科技的不断发展，人类社会在生产、交流等方面实现了空前的效率提升。但现代社会较快的生活节奏，以及信息爆炸式的社会环境，导致人们（尤其是青壮年人群和儿童）被各种信息甚至信息碎片"轮番轰炸"。

在快节奏的生活中，人们往往难以抽出时间去反思自己，每天的时间都被挤满各种工作和琐事，最终导致压力不断积累。这影响了人的睡眠与心理健康，那如何通过空间的改造让人的睡眠质量得到保障，以进一步提升人们的幸福感与满足感呢？

儿童 成年人
（包括青壮年人群）

这里将结合前面分享的灯光环境设计、温度（空调）系统设计、新风系统设计等内容，以及下面将要分享的睡前轻音乐设计、降噪系统设计、地暖设计等多项室内设计内容，打造一间可以减少焦虑、失眠，有助于增强深度睡眠的健康卧室。

音乐枕头

我们知道，充足的睡眠有利于调节内分泌，增强人体的免疫力，促进新陈代谢，促进血管中血液的净化和毒素的排解。也就是说，睡眠会影响人的身体机能，保持充足的睡眠能够使人精力更加旺盛，工作效率更高。而要保持充足的睡眠，就要做到两点：快速入睡和保证深度睡眠时长。

影响快速入睡的行为：睡前玩手机（会让大脑长时间处于活跃状态），睡前思考白天所发生的事。

解决方法：使用音箱播放睡前轻音乐，使身体得到放松，从而达到快速入睡的效果。

下面以前面案例中的主卧为例介绍一下音乐助眠设计。可将音箱摆放在床头柜上（即右图中的①或②处）。音箱的电源线插在床头柜旁墙上的插座里。音箱通过蓝牙连接手机，可以在睡前用手机播放3~5首轻音乐。在不玩手机的情况下，轻音乐能够更好地帮助人转移注意力，从而实现快速入睡。

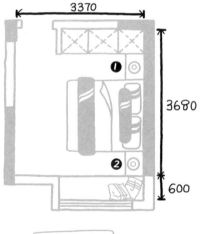

通过蓝牙连接的闹钟音箱设备（可充电）

隔音

影响深度睡眠的因素：各种噪声，如楼上邻居的脚步声、搬动家具的拖拉声、城市车水马龙的嘈杂声等。

解决方法：使用隔音材料大幅度地减小声波在传播过程中的振幅。

下图中，声波通过振动穿过了A、B、C、D4种介质，而每穿过一种介质，声能都会有所损耗。因此，可以通过在墙面、楼板的顶部及底部添加隔音材料来降低声音。不同位置的设计细节不一样，下面一个一个来说。

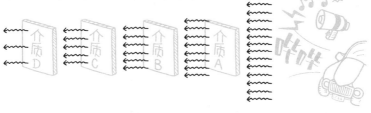

◆ 墙面

正常情况下，邻居家与自己家之间只隔着一堵墙。在墙上贴上隔音毡后，从邻居家传过来的声音就变小了。再在隔音毡上打上龙骨，把隔音棉填充到龙骨组成的格子里，那声音得到进一步的降低。最后安装上装饰面板或石膏板，就可达到很好的降低噪声的效果。

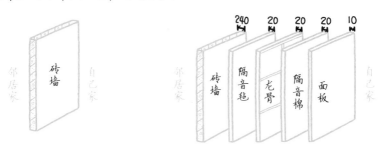

因为隔音棉是填充在龙骨格子里的，所以龙骨层与隔音棉是合二为一的。算上隔音毡和面板，安装后的厚度会达到50mm。如果四面墙体都加装隔音层，那么房间的长和宽相较之前各减少100mm，如果房间的进深和开间本来就小，则需要根据情况安装隔音层。

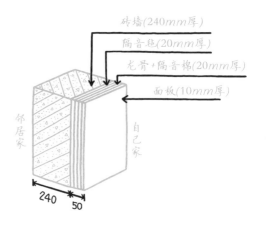

砖墙(240mm厚)
隔音毡(20mm厚)
龙骨+隔音棉(20mm厚)
面板(10mm厚)

邻居家

自己家

240 | 50

如何判断房间是否适合安装墙面隔音层

要判断卧室是否适合安装墙面隔音层，首先可以确定的是卧室摆放的家具有一张1800mm宽的双人床与一个厚度为600mm的衣柜，如右图所示。算上床两边500mm宽的过道，那卧室的空间长度至少为3400mm。再算上安装在前后墙上的50mm厚的

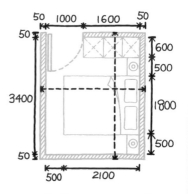

50 | 1000 | 1600 | 50
50
600
500
3400 | 1800
500
50
500 | 2100

隔音层，房间进深至少为3500mm。床的长度为2100mm，床尾留出的过道宽500mm，算上安装在左右墙上的50mm厚的隔音层，房间开间至少为2700mm。所以，卧室尺寸至少应为3500mm×2700mm，这样才能满足安装条件。而不同空间，不同的家具组合，尺寸要求都有差异。

◆ 顶部楼板（天花板）

不同于墙面隔音层的构成，天花板的隔音层由天花板减震器和隔音毡构成。

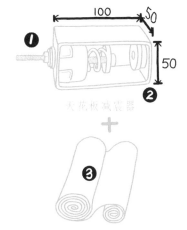

天花板减震器

隔音毡

①固定在龙骨上。
②固定在楼板底部。
③贴在楼板底部和石膏板顶部。

隔音毡贴在楼板底部，减震器的螺丝穿过隔音毡固定在楼板上，龙骨固定在减震器上以实现减震效果，背面贴有隔音毡的石膏板固定在龙骨上。

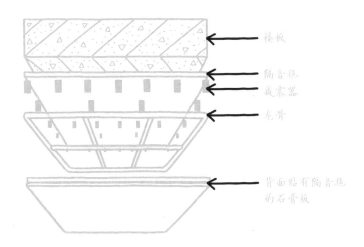

楼板

隔音毡
减震器

龙骨

背面贴有隔音毡的石膏板

需要注意的是,减震器虽然有100mm高,但安装时因需预留一定的弹性空间,所以其高度会达到200mm。外加两层隔音毡、龙骨和石膏板,安装后的楼板隔音层厚度达280mm。如果顶部不做无主灯设计而采用传统的主灯吊顶是很难实现的,需根据房屋的层高进行调整。

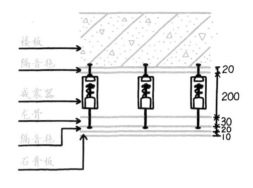

楼板+隔音层剖面图

◆ 地面

地板的种类一般有3种:强化复合木地、瓷砖和实木地板,而无论是哪一种地板,隔音方法都一样,即将隔音毡铺在楼板上,再在隔音毡上采用相应的工艺铺设地板。

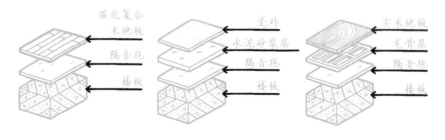

强化复合木地板+隔音毡　　　瓷砖+隔音毡　　　实木地板+隔音毡

◆ 门窗

　　墙体都做好了隔音处理，怎么还能听到屋外街道上的嘈杂声？那可能得把窗户隔音补上。

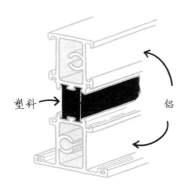

塑料→　　　←铝

断桥铝剖面图

　　可以使用断桥铝做窗户型材。一般的窗户用铝合金作为型材，铝合金为金属，传声效果好，不能起到很好的隔音作用。而断桥铝是将铝合金从中间断开，再用塑料将断开的铝合金连接起来。

　　众所周知，塑料的传声效果比金属差，能起到不错的隔音作用，且塑料的导热性比金属差，那隔热性就比金属更佳。

地暖—发热瓷砖供暖

考虑到北方的小伙伴们还需地暖，可以把普通的瓷砖换成石墨烯发热瓷砖。

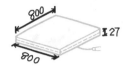

发热瓷砖

发热瓷砖厚27mm左右，由12mm厚的普通瓷砖和厚度为15mm左右的石墨烯层组合而成。发热瓷砖相互之间通过石墨烯层上的电路连接器连接，通电后石墨烯层会发热，并把热量传递给瓷砖，从而达到供暖的目的。

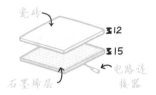

发热瓷砖分解图

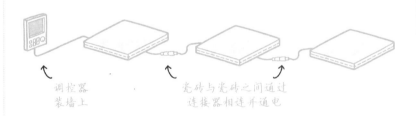

调控器装墙上　　　　瓷砖与瓷砖之间通过连接器相连并通电

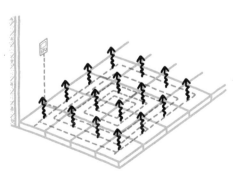

发热瓷砖铺完后，可以通过墙上的调控器来调节石墨烯层的发热温度。发热瓷砖同样是铺在水泥砂浆层上的。水泥砂浆层不会对石墨烯层造成任何影响。